全国高等教育艺术设计专业规划教材

Environmental Effect
Exquisite Hand-Painted
The 2nd edition

环境效果图
精致手绘
（第2版）

汤留泉　刘　涛　胡晓曦 **编著**

U0259867

中国轻工业出版社

图书在版编目（CIP）数据

环境效果图精致手绘 / 汤留泉，刘涛，胡晓曦编著. —2版.
—北京：中国轻工业出版社，2016.9
全国高等教育艺术设计专业规划教材
ISBN 978-7-5184-1025-5

Ⅰ.①环… Ⅱ.①汤… ② 刘… ③胡… Ⅲ.①环境设计–
建筑制图–高等学校–教材 Ⅳ.①TU204

中国版本图书馆CIP数据核字（2016）第157013号

内 容 提 要

本书全面讲述室内外环境效果图的手绘表现技法，注重绘画技法的文字总结，强调画面效果的真实性和唯美性，以细腻的线条、平和的色彩来打造耐看实用的空间作品。所选的效果图精致典雅、绘画风格多样。同步讲述了设计师技术功底的培养，全方位解析了优秀手绘作品。全书作品表现精致到位，技法讲解深入浅出，是手绘效果图的高级培训教程，不仅适用于高等院校本科、研究生教学，还可作为设计师高阶培训教材。

责任编辑：杨晓洁

策划编辑：王　淳　杨晓洁　　责任终审：劳国强　　封面设计：锋尚设计

版式设计：锋尚设计　　　　　　责任校对：李　靖　　责任监印：马金路

出版发行：中国轻工业出版社（北京东长安街6号，邮编：100740）

印　　刷：北京画中画印刷有限公司

经　　销：各地新华书店

版　　次：2016年9月第2版第1次印刷

开　　本：870×1140　1/16　　印张：9

字　　数：207千字

书　　号：ISBN 978-7-5184-1025-5　定价：45.00元

邮购电话：010-65241695　传真：65128352

发行电话：010-85119835　85119793　传真：85113293

网　　址：http://www.chlip.com.cn

Email：club@chlip.com.cn

如发现图书残缺请直接与我社邮购联系调换

160431J1X201ZBW

手绘效果图是当今环境艺术设计行业重要表现方式，它是设计师个人素养与创意方案完美的结合体。国内很多大中专院校的环境艺术设计专业都开设有效果图表现课程。近年来，社会上对手绘的认知度很高，甚至超过了计算机三维效果图。手绘效果图是设计师和设计作品身价的体现，优秀的手绘作品几乎等同于优秀的设计作品。

随着国内房地产业的发展，家居装修开始火爆，很多设计师要花费大量的时间使用计算机绘制客厅、餐厅、卧室，甚至卫生间效果图，虽然制作时间在不断减少，熟练程度在不断提升，但仍然无法达到3小时成功绘制一幅效果图的效率。最让人头疼的是，家居装修客户会不断提出修改意见，使并不复杂的设计工作消耗大量的时间。于是，越来越多的青年设计师开始重新认识环境手绘效果图的重要性，除了高效率的市场需求外，更多的原因是因为手绘效果图能真实反映设计师的个人能力，设计师能通过徒手绘制技法来快速表达自己的创意思想，当设计方案遭到反对或不被看好时，设计师能调转笔锋，拿出第2、3、4、5……种方案，这不仅能扩展设计师的创意能力，还能积累设计经验，为日后在工作中能一次性拿出成功方案打下坚实的基础，这是计算机渲染技术无法超越的。

环境效果图的受众者主要有：客户、施工员和设计师三者，尤其是前两者，他们都以实用的眼光来审视图纸，要求效果图描绘精致、色彩丰富、比例准确，这些都是手绘效果图表现的重点。而设计师往往带着职业色彩来观察，注重表现技法、层次关系和绘画风格，主雇之间要达成一致、产生共鸣是很难的，精致、严谨才是两者的折中点，无论是客户、施工员，还是设计同行都能从中找到认知处。细腻的运笔方式、柔和的过渡渐变，整齐的线条结构能真实反映设计创意和施工工艺。

临摹是学习手绘效果图的重要方法，能快速提高个人的手绘水平。现在手绘效果图作品越来越多，质量参差不齐，我们并不一贯主张学生临摹手绘效果图，避免被错误的技法带入歧途。光影关系明确、色彩饱和、结构清晰的照片都是很好的摹画对象，照片所反映的形态、结构是完全真实的。

在掌握基本的绘制技法后，完全可以对照着照片做半摹半画的练习，使自己的造型能力、运笔方法趋向规范。

这部《环境效果图精致手绘》凝结了作者多年来的工作积累，将当今流行的彩色铅笔、马克笔、水彩三大表现技法贯彻到底，深入浅出地讲解了操作技巧，在精致、严谨的前提下施展个性。书中的效果图范例清晰、完整，既可以作临摹对象，又可以作环境艺术设计的参考资料，每项重点内容都会附带一个"精致提示"，指出其中的绘制要点，为深入掌握手绘知识指明了方向。

本书登载的手绘效果图作品由业界同行、同事、学生无私提供，经过严格筛选后才与读者见面，在此表示衷心感谢，希望能起到实质性的参考

作用！参与本书编写或提供图片的同仁如下：

闫永祥　柏　雪　鲍　莹
杜　海　付　洁　付士苔
胡爱萍　蒋　林　李　恒
李　平　李　钦　刘　波
刘　敏　刘艳芳　卢　丹
罗　浩　吕　菲　毛　婵
马一峰　默　金　邱丽莎
权春艳　施艳萍　孙莎莎
孙未靖　唐　茜　唐　云
万　阳　王红英　吴程程
吴方胜　肖　萍　杨　清
姚丹丽　张　刚　张　航
张慧娟　赵　媛　周　权
祖　赫

编　者
2016年6月

目 录
CONTENTS

第一章

效果图基础

图1-1 手绘效果图

徒手绘制效果图一直都是环境艺术设计的基本功，很多环境设计师都以自己能绘制一手好图而自励，这种功底并非"一日之寒"。会画不代表能画，能画不代表善画，时常揣摩练习，才能提高绘图水平。作者多年来一直从事手绘效果图的教学研究，希望能寻求一种"独门绝技"让学生们快速提高绘画水平，虽有所成效，但这些方法并不能让个人水平发挥到极限。真正要掌握表现精致、图面唯美、手法迅速的手绘效果图技法，还是得从理论入手，深入了解设计创意和工具性能，才能迅速提高表现能力（图1-1）。

关键词： 传统、透视、工具

第一节 效果图发展

一、我国传统效果图

在文字出现以前，我国古代劳动人民就已经开始使用图形，从而派生出象形文字。图形就成了人们认识自然，交流思想的重要工具（图1-2）。人类文明成熟以后，制图用于各种工程活动，我国古代制图一般分为地图、机械图、建筑图、耕织图等四种，其中建筑制图的影响最广。建筑图中以界画为主，界画又称为界图，古称台榭、屋木、宫观，它是中国绘画中很有特色的一个门类。在作画时使用界尺引线来描绘建筑，画风以精确细腻而得名，它与现代建筑效果图的形式相差不大，是今天学习手绘效果图良好的范本（图1-3）。

界画的起源很早，晋代顾恺之（344—405年）有"台榭一定器耳，难成易好，不待迁想妙得也"的话，可知他很擅长此画。到了隋唐时期，界画已经画得相当好。隋代董伯仁的界画水平旷绝古今，楼台人物，

杂画巧瞻，高视一代。宋代可谓是全民皆画，张择端的《清明上河图》流芳百世（图1-4、图1-5），除了使用严谨的尺度来约束建筑形态以外，对人物表情和心态的表现也是惟妙惟肖。元代王振鹏的界画极佳，仁宗眷爱之，赐号孤云处士。明代以后，界画日趋衰

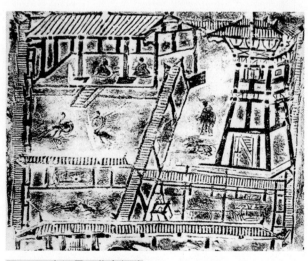

图1-2 东汉民居住宅拓片

落，唯有仇英可以提点，其作《上林图》和《吹箫引凤图》（图1-6）中的人物、鸟兽、山林、台观等皆忆古人名笔斟酌而成，可谓极绘事之绝境，艺林之盛事。

界画的主要绘制工具是界尺，在界画和建筑图绘制时用以作出直线和平行线。界尺就是平行尺，可视为平行运动机构。传统界尺由相等的上下二尺与等长的两条木杆或铜片杆铰接而成（图1-7）。现保存有明代的界尺为铜制，按住下尺移动上尺或改变铜杆与直尺的夹角度，即可得出上尺平行于下尺的许多直线，这对于绘制有大量平行直线的建筑画来说十分方便。

界画在我国历史上起到了举足轻重的作用，一直影响着传统绘画的表现形式，尤其是在绘画中加入界尺等操作工具的应用，具有较高的技术含量，为少数画家所掌握，目前在国内仅有少数学者从事界画的研究，绘制技法已经鲜为人知。

目前，在国内高校很少开设界画课程，即使是讲授，也仅仅作为扩展学生

— 精致提示 —

适当临摹传统作品有助于提升对手绘效果图的认识，它不仅是艺术作品，更多的是技术作品，需要消耗大量的时间和精力去体会。同时，了解传统文化也有助于提升绘图水平，尤其是提升作品的意境和内涵。

图1-3　界画

图1-4　《清明上河图》局部（张择端）

图1-5　《清明上河图》局部（张择端）

图1-6　《吹箫引凤图》（仇英）

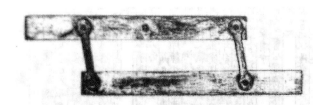

图1-7　清代界尺

的视野，点到即止。界画的得道之处就在于：不仅用了绘图工具"界尺"，保持规整严谨的绘图之风，又加入了人文景观和环境氛围，极大地提高了设计对象的审美情调，这与西方设计制图中所追求的现实主义和超现实主义极为相似，但是又大大领先于西方文化。

此外，古代建筑效果图以绘制媒介可分为：壁画、版雕、扇面（图1-8）、绢帛画、纸张画等。其中绢帛、纸张是比较普及的建筑制图媒介。但是以壁画留存下来的真迹较多，唐代敦煌壁画中反映古代建筑群落的建筑图，是盛唐时期壁画的代表作品。唐代柳宗元（773—819年）在《梓人传》中写道："梓人，画宫于堵，盈尺而曲尽其制。计其毫厘而构大厦、无进退焉。"堵即为墙壁面积单位，将建筑图绘制在墙壁上便于保存，有相当的体量，以供观摩。印刷术推广以后，以版雕印刷形式出现的建筑图可以批量印制，版雕图一般用于表现专著，清代雍正12年（公元1743年）颁布工部王允礼所撰的《工程做法则例》，该书通过印刷出版，作为全国建筑施工范本。

图1-8 《汉宫图》（赵伯驹）

二、西方传统效果图

在中世纪早期的欧洲，建筑效果图不是用于建筑设计的。当时的工匠直接在地上钉上木桩作为设计的依据，而不用绘制我们今天所凭借的平面图或透视图。有少数工匠在游历欧洲诸国的同时还记录了一些建筑的营造方法，如细部装饰、几何图例、比例系统和雕像等（图1-9、图1-10）。

到了中世纪，达·芬奇（Leonardo da Vinci，1452—1519年）对透视的问题及其潜力非常感兴趣。他用人体解剖画法来画建筑很得心应手。在建筑设计过程中，解剖图能表现空间和体量的结构组织，鸟瞰图能表现完整的形体，鸟瞰和解剖相结合的画法形成了一种建筑思想，即将建筑设计和结构设计在三维空间中结合成一个整体。到了15世纪30年代，平、立、剖面图再次受到重视，同时建筑师和艺术家的分化开始出现，尽管真正的职业建筑师到19世纪才形成。透视图一直与平、立、剖面图并存。17世纪流行"巴洛克"建筑风格，同时又在法国古典主义学院派的影响

图1-9 建筑表现（水墨渲染）

图1-10 平立面混合表现图（水彩）

下，西方建筑设计师潜心研究透视画法，效果图表现更加趋向严谨，所有图纸都规范地应用了透视学原理。19世纪发展了用钢笔、铅笔、水彩等工具绘制建筑透视图的技法，但正统的建筑渲染图还是学院派的水墨渲染画"柱式"（图1-11）。19世纪末20世纪初，伴随工业革命和新艺术运动而兴起的现代建筑，以功能主义的纯净一扫学院派的浮华装饰，揭开了人类建筑的新纪元。随着一批现代建筑大师的出现，效果图也被推向到一个全新的天地。20世纪70年代，效果图有了新的变化，它在表现上恢复装饰风格，提倡历史主义和人情味，并且向艺术性、欣赏性方向发展，建筑效果图展览在西方国家很受欢迎。此外，朝多元化发展，出现了超现实主义、解构主义等流派的效果图，夸大、歪曲建筑的形体和环境，或折衷地将媒体混在一起表现解构主义建筑探索（图1-12至图1-14）。

图1-11　建筑画（钢笔淡彩）

图1-12　建筑表现图（钢笔）

图1-13　建筑表现图（钢笔）

图1-14　建筑表现图（水粉）

目前，国际上流行的超现实主义效果图表现方式主要有两种，一种是把设计方案孤立地放置于毫不相干的环境中，如梦幻一般，似乎在对它进行评论；另一种表现方式是超写实，这是经历了抽象后对写实的回归。绘画又是占有现实的方法，所创造的视觉环境氛围永远使照片望尘莫及。

第二节　效果图的概念

一、效果图的概念

传统的环境效果图主要表现对象是建筑，又称为建筑画，一直影响着我国的建筑设计与艺术设计行业。随着社会多元化发展，标榜创新、独特的效果图也在向多门类方向发展。目前，常见的彩色透视效果图是指设计师将色彩填涂在透视图之上，使设计无论从空间、尺度、质感、色彩上都能完整无误地表现于纸面上的绘制图法。手绘效果图在表现技法上主要分为表现性效果图和展示性效果图两类。

1. 表现性效果图

一般使用钢笔或绘图笔徒手勾勒设计对象的结构轮廓，然后再选用彩色铅笔、水彩或马克笔等简易工具着色，使设计对象迅速呈现在图纸上。这种效果图绘制简单、快捷，短期强化练习都可以达到一定水平，能满足即时创意设计的需求。图面效果就像个人签名一样，用笔、着色个性化很强，主要用于行业内部交流，非专业人士是很难接受的（图1-15、图1-16）。

表现性效果图是当今青年学生、设计师必备的专业技能，然而在特殊场合，将展示性效果图的绘画技法融和过来是很有必要的，在绘制过程中既要提高速度，又要达到精致、细腻的画面效果，处理好两者之间的关系也是这部书的关键所在。很多设计师在工作中为了追求高速，绘制的作品过于草率，就像自己的签名一样，需要仔细研究才能读懂，这也不是表现性效果图的绘制目的。表现性效果图仍要满足图纸观众

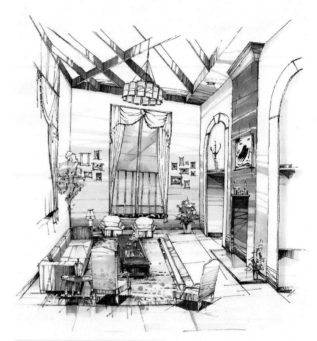

图1-15　表现性效果图（一）

图1-16　表现性效果图（二）

的审美，极力表现环境空间的比例、尺寸、空间、质感，真正起到拓展创意，指导施工的作用。

2. 展示性效果图

使用直尺、圆规等绘图工具，遵循严格的透视学原理绘制对象的轮廓结构，然后运用水彩、水粉颜料来着色。画面效果严谨、逼真，甚至能与照片相媲美。这种效果图绘制复杂，消耗大量人力、物力、时间，需要经过长期专业训练的设计师来执笔。展示性效果图主要用于设计方案已经确定、向大众展示即将落成的环境设计工程，以获取社会的认知（图1-17、图1-18）。

计算机效果图的普及，给现代设计产业带来了审美疲劳，很多场合仍需要手绘展示性效果图来调节氛围，如创意性很强的地产博览会上，对于楼盘的鸟瞰展示，手绘图更能亲近消费者，表现出的环境氛围更加自然、真实。

二、效果图的特征

彩色透视效果图是设计师进行设计表达的最有效工具。如果说制图是设计师与同行之间交流的"内部语言"，那么彩色透视效果图则主要是设计师与外行人士（委托设计人、甲方、业主等）交流的"外部语言"。彩色透视效果图主要有以下几个特征。

1. 独创性

设计的定义就是赋予设计对象以新的品质，设计师首先要抓住所构思的设计造型与众不同之处，然后加以表现。独创性应是每一张效果图追求的本质所在，它能真正体现效果图的价值。这一点主要体现在绘画技法、工具运用和设计创意上，效果图不仅要与众不同，还要符合大众审美。

2. 传真性

客观地、真实地传达设计构思，是绘制效果图的基本原则，所以它的传真性是显而易见的。观者可借助效果图，对设计者创新构思的形态、结构、材质、色彩等各方面获得最直观的认识，使消费者或业主能最直接地感受到投资的价值所在。这一点要求设计师能熟练操作不同绘图工具，使用同一种工具绘制出多种质感来丰富表现对象（图1-19）。

图1-17　展示性效果图（一）

图1-18　展示性效果图（二）

图1-19　彩色铅笔效果图

图1-20 钢笔淡彩效果图

图1-21 效果图与纯绘画的区别

3. 快速性

画于纸面上的效果图比立体模型简便，快速是其重要的优点和特点。快速性可以提高工作效率，从而在有限的时间里提供更多的设想、方案，扩大选择余地，有利于最佳方案的产生。效果图的绘制速度主要受绘画的幅面限制，熟练的设计师能严格控制自己的工作进度。以钢笔淡彩为例，即先用绘图笔绘制线条轮廓形体，再用彩色铅笔、马克笔表现色彩的常规技法，绘制A4幅面手绘效果图应该将时间控制在80分钟左右（图1-20），A3幅面则应该控制在120分钟左右。速度过快会造成草率而无细节，速度过慢会影响全天的正常工作，增加了工作成本。

4. 广泛性

彩色透视效果图形象逼真，相对其他制图能被更多的人所接受。它通俗易懂，不需要观者经过专门的训练，也不受年龄、职业、文化水平、时间、地点、空间等限制，可最大范围地征求意见，便于宣传和推广。手绘效果图要受到广泛认可，最重要的一点就是去除图面中的个性元素，如运笔中的弯折、色彩搭配习惯、对同类家具的表现方法等，不能在图面反映出设计师个人的喜好，应该将作品大众化、常规化处理。

5. 启智性

通过彩色效果图传达出的新设计，因其独创性，向人们展示了以前不曾见过的设计形态，能启发观者

的想象力，使之产生丰富的联想。手绘效果图的结构要准确，尤其是墙体轮廓要明确，观众能以此为依据在头脑中不断思考、比较，甚至提出更为恰当的变更创意来完善设计方案。

三、效果图与纯绘画的区别

效果图与纯绘画虽有很多共同之处，即同样是表现立体对象，同样是以形象和色彩来传达视觉信息，几乎使用同样的工具、材料作图，但是效果图与纯绘画从根本目的到处理手法都存在着很大的差别（图1-21）。

1. 纯绘画是对社会或已有物体的艺术摹写

一般可通过写生来描绘，完全表现出自然环境的景象，绘画时有据可依。而效果图则是表现想象中的物体的理想状态，无现成的真实物体供摹写，在真实绘图前需要绘制大量草图作铺垫，设计师的思维主要集中在空间的逻辑关系上，因此，一般只能依靠表现规律和程式作图。

2. 纯绘画为突出情节或主题思想

纯绘画可以通过夸张、概括、抽象等艺术处理手法来强化艺术效果。而效果图要求真实、可信，对所表现对象的色彩、材质等要尽量逼真、写实地描绘出来，表现方式以记录为主（图1-22、图1-23）。

图1-22 建筑写生（一）

图1-23 建筑写生（二）

3. 纯绘画在光线的表现上可以丰富多变

借以烘托气氛和意境，纯绘画的光线可以特别明亮、也可以特别深暗，一切以表现思想为依据。而效果图则对投射光线的方向、强弱、角度都有一些限定，画面效果要明快、敞亮，富有装饰性，以表现明确的体面关系，并使光线问题趋于简化、规范。

4. 纯绘画注重强调色彩的微妙变化和层次

观众能从纯绘画作品中细细品味其中的奥妙。效果图则强调物体固有色，如实地反映对象物最常呈现的感觉，观众能快速读懂，快速接受。

四、效果图的绘画要素

彩色透视效果图绘画并不复杂，但是要画好，还必须遵循以下三个要素，严格训练。

1. 透视技法

透视技法就好比是效果图的骨架，如果骨架搭好了，着色就很简单了，成功的概率也很高。虽然透视学原理很复杂，但是一次性打好基础，可以终身受益（图1-24）。

2. 美术基础

绘画基础也是画好效果图的重要条件。对于设计师而言，素描造型能力尤为重要。在西方国家的设计表现课程里，有很大一部分时间用来训练素描绘画，

图1-24 效果图三要素

尤其是使用单色来绘制效果图，从而造就了设计师扎实的基本功。西方国家的建筑效果图一直保持着世界一流水平就与这种训练方法密不可分。色彩的塑造能力、艺术素养、艺术感受与审美能力同样能体现在效果图中。

3. 设计水平

设计水平的高低是确定效果图成败的另一关键。有些图透视无误，素描明暗关系正确，但图纸的设计式样呆板、老化、缺乏设计的感染力，这样的效果图也无法打动人。在前期的手绘效果图训练中，可以参考室内外环境摄影图片、制作精美的计算机效果图来绘制手绘效果图，这样能保证图面的设计水平，建立绘图者的学习信心。绘图时需全身心地投入。绘图时要做到心静如水，旁若无人，尤其不要听音乐或与人交谈，任何干扰都会影响表现思维，必须全身心地投入。

第三节　效果图表现工具

　　手绘效果图的工具很多，要根据不同的绘制技法和个人习惯来选用，如水彩、水粉、粉笔、钢笔等，由于设计师经常追求新奇的效果，对一些新的绘画材料和工具常常加以利用，如马克笔、喷笔等。近年来，物质经济在不断发展，呈现出越来越多的绘制工具，在这里主要分为纸张、笔、颜料、尺规、辅助工具等五大类，尽量全面介绍。

一、纸张

　　纸张的厚度以克（g）重来计量，它是指每平方米纸张的重量，如80克是指一张面积为1平方米的纸张重量，无论这张纸被裁切多大，它的纸张克重都是80克，克重越高，纸张越厚。纸的种类很多，要根据不同的表现效果和吸水性强弱来选择（图1-25、图1-26）。吸水性强的纸张，画面感觉飘逸、潇洒、层次丰富；吸水性弱的纸张，画面感觉对比强烈，色彩鲜艳明亮。常见纸张的吸水性由强至弱分别为：宣纸、水彩纸、素描纸、复印纸、绘图纸、白卡纸、铜版纸、硫酸纸等（图1-27）。

1. 宣纸

　　宣纸因产于宣州府（今安徽泾县）而得名，是中国古代用于书写和绘画的纸。按纸面洇墨程度分类，宣纸分为生宣、半熟宣、熟宣。生宣吸水性和沁水性都强，易产生丰富的墨韵变化，能表现水墨晕染的艺术效果，写意山水多用它。熟宣是加工时用明矾等涂过，纸质较生宣为硬，吸水能力弱，使用时墨和色不会洇散开来，熟宣宜于绘工笔画而非水墨写意画。半熟宣也是由生宣加工而成的，吸水能力介于前两者之

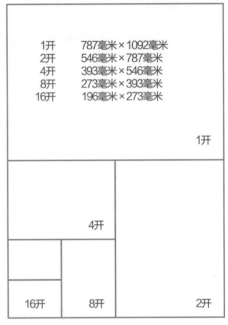

1开	787毫米×1092毫米
2开	546毫米×787毫米
4开	393毫米×546毫米
8开	273毫米×393毫米
16开	196毫米×273毫米

图1-25　正度纸张规格

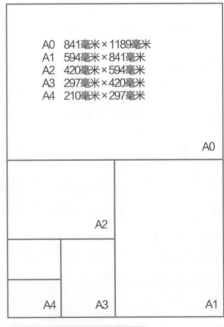

A0	841毫米×1189毫米
A1	594毫米×841毫米
A2	420毫米×594毫米
A3	297毫米×420毫米
A4	210毫米×297毫米

图1-26　国际A型纸张规格

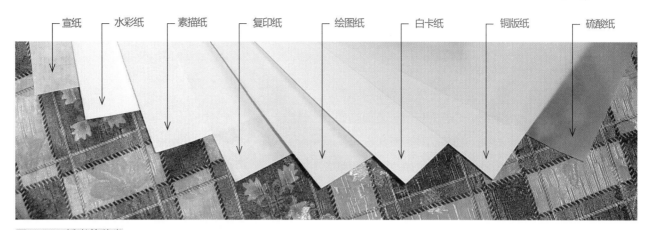

宣纸　水彩纸　素描纸　复印纸　绘图纸　白卡纸　铜版纸　硫酸纸

图1-27　纸张的种类

间。简单区分生宣和熟宣的方法就是用水接触纸面，水分立即散开的即为生宣、凝聚基本无变化的，即为熟宣，散开的速度较慢的为半熟宣。宣纸质地柔软，吸水性强，颜色呈浅米黄色，纸张纹理无规律，一般用于绘制传统水墨画，也可以加入中国画颜料，绘制出清新淡雅的效果图。

2. 水彩纸

专门用来作水彩画的纸。它的特性是吸水性强，质地厚实，不易曲折，能快速吸收水彩颜料中的水分，而将色彩颜料保留在纸张表面，使画面显得亮丽鲜艳。水彩纸有很多种，便宜的吸水性较差，昂贵的能保存色泽相当久。水彩纸的质地有麻质和棉质两种，如要表达精致细腻的主题，一般会选用麻质的厚纸，质地结实。如果要表达淋漓流动的主题，一般会选用棉质纸，吸水快，干燥快，但是时间长了容易褪色。此外，水彩纸表面纹理有粗面、细面、光面三种，手绘效果图一般会用到钢笔，因此，选用细面或光面的水彩纸最好（图1-28）。

水彩纸的两面都可作画，没有严格的正反区分。水彩纸根据产地工艺克重都有很大区别，同时还分为网点水彩纸和纹理水彩纸。其中光滑的一面坚挺，吸水少，毛糙的一面容易损坏，吸水大。使用水彩纸绘制效果图，要根据最终表现效果来选择使用哪一面，如果效果图比较工整严谨，同时需要反复水洗，分层上色，选择光滑的一面比较好。如果用于快速表现性效果图，需要颜色能散开，就选用毛糙的一面。

初学者很容易混淆水彩纸与水粉纸之间的区别，水彩画纸表面相对光洁，水粉纸纸面有压痕，表面粗糙，这两种纸相对都比较耐水，但是用于钢笔淡彩效果图，用水粉纸效果肯定不如水彩纸，当然，也可以用优质素描纸代替。同时，根据材料的不同，也可以对纸进行一些处理，如涂胶矾水等。水彩纸做工精细，是很高档的绘画媒介，平时练习可以使用素描纸或绘图纸来替代。

3. 素描纸

初学绘画都会用到素描纸，素描纸质地坚实、平整、耐磨、纹理细腻、不毛不皱、易于修改。素描纸吸水性强且不稳定，一般适用于铅笔、钢笔等硬质工具绘画，水溶性彩色铅笔着色能呈现出细腻的效果，但是最好不要大面积湿水，否则颜色又会变得浅淡

图1-28　水彩纸绘制效果图

（图1-29）。素描用纸除了白色外，还有淡灰色纸，其质地有厚、薄、粗糙、光洁、结实、松软之分。

4. 复印纸

打印店里经常使用的普通白纸，采用草浆和木浆纤维制作，超市、电脑耗材市场都有售卖，复印纸的常用型号有：B5、A4、B4、A3等四种。复印纸是现代学习、办公事业中最经济的纸张，例如：B5复印纸一箱为8包，每包为500张，即每箱共计4000张，每张纸的价格只有0.03～0.04元，与其他纸张相比是非常便宜的。复印纸克重主要有70克和80克两种，一般用于绘制快速表现图，钢笔、彩色铅笔、马克笔的短时效果都还不错，可以作日常练习之用（图1-30、图1-31）。如果有设计要求，还可以使用彩色复印纸。

5. 绘图纸

又称为工程图纸，专用工程制图，纸张厚实严密，克重主要有90克、120克、160克、180克几种，基本不吸水，主要用于水粉、马克笔绘制，绘制的图面效果坚挺有力，色彩还原性好，是展示性效果图的主要用纸。

6. 白卡纸

又称为纸板，是一种坚挺厚实、定量较大的纸，克重在200克以上，中间掺入胶质，最普通的卡纸不上色，称白卡纸。如果上色，则叫作色卡纸。白卡纸与色卡纸光洁度较高，一般只用于马克笔，色彩非常鲜亮。

7. 铜版纸

又称印刷涂料纸，是在原纸上涂布一层白色浆料。纸张表面光滑，白度较高，厚薄一致，有较好的弹性、较强的抗水性能和抗张性能，克重一般在70～240克，只适用于马克笔。

8. 硫酸纸

又称制版硫酸转印纸，半透明质地，具有纯净、强度高、不变形、耐晒、耐高温、抗老化等特点。在手绘效果图中一般用于透视图起稿或转印，也可以使用马克笔直接绘制，但是见水后容易起皱。

二、笔

笔是绘制手绘效果图的必备工具，按笔的质地可

图1-29　素描纸绘制效果图

图1-30　复印纸绘制效果图（一）

图1-31　复印纸绘制效果图（二）

以分为硬笔和软笔两种。硬笔有铅笔、钢笔、马克笔、喷笔等，软笔则一般是指用羊毛、尼龙等纤维制成的笔刷。

1. 铅笔

传统铅笔使用很麻烦，需要不断削切保持笔尖尖锐状态，现在手绘效果图一般使用自动铅笔绘制底稿，0.35毫米HB笔芯最佳，使用灵活，绘制出的线条浓度以自己能看见为限（图1-32）。自动铅笔取代了传统铅笔，可以免削切，一般有0.35毫米、0.5毫米和0.7毫米三种，根据效果图绘制的幅面大小来灵活选用，线条自由飘逸，轻重缓急随意控制。自动铅笔一般用来绘制底稿，力度要轻，以自己能勉强看见为佳，以免着色后再用橡皮擦除，破坏了整体画面的色彩饱和度。

2. 彩色铅笔

传统彩色铅笔含杂质较多，手感很硬，对纸张也有要求。现在多用水溶性彩色铅笔（图1-33、图1-34），笔芯很软，有黏性，即使不用水溶解，绘画效果也很细腻，任何质地的纸张都可以胜任，当然，最好使用厚度在150克以上的素描纸。彩色铅笔一般配合多功能削笔器来使用，可以削出短、中、长三种形态，满足不同的笔触要求。

3. 色粉笔

效果图用的色粉笔不同于课堂教学所用的彩色粉笔，它的颗粒更加细腻，色彩纯正，形体方正（图1-35），可以削成各种形状，但是在手绘效果图中它不是主要工具，主要配合彩色铅笔作大面积着色。

4. 美工钢笔

美工钢笔又称为速写钢笔，和普通钢笔一样，通过吸入墨水来保证连续绘制线条，但是笔尖呈弯曲、扁平状，能绘制出粗、细等多种线条，一般用于快

— 精致提示 —

打印与手绘相结合。由于复印纸可以经过打印机，对油墨和炭粉有很好的吸附力，可以使用计算机制图经打印机输出后再徒手着色，这种方法主要用于CAD绘制的方案图和施工图，徒手着色能提升画面效果，提高工作效率。

图1-32　铅笔

图1-33　上海真彩彩色铅笔

图1-34　德国施德楼彩色铅笔

图1-35　台湾雄狮色粉笔

— 精致提示 —

手绘效果图工具要齐全。手绘效果图的训练需要长期、持久，配置完善的工具才能事半功倍。画板、调色板、水桶、拭布、透明胶带、纸巾、橡皮、美工刀、工具箱都应该一应俱全。很多东西一次购置，可以用上十多年，同时也能对自己产生约束力，从而持之以恒地学习。

速表现创意构造，或者用来加强形体轮廓，能配合彩色铅笔或马克笔作快题设计。更多的设计师习惯将其用于户外写生或快速记录施工现场的环境构造。

5. 绘图笔

又称为针管笔，基本工作原理和普通钢笔一样，但是笔头是空心金属管，中间穿插引水通针，通针上下活动可以让墨水均匀地绘制在纸上，线条挺直有力。但是长期不使用容易造成通针粘连，笔头阻塞，因此现代绘图笔又取消了通针结构，采取固定墨水，一次性使用。绘图笔的粗细规格很多，一般选购0.1毫米、0.3毫米和0.5毫米这三种规格即能满足需要（图1-36、图1-37）。

6. 中性笔

主要用于书写，绘制连续线条时可能会出现粗细不匀的现象，中性笔主要用来表达临时设计创意，也可以在此基础上覆盖马克笔或彩色铅笔着色。中性笔笔芯可以更换，一般为0.35毫米、0.5毫米，其中0.35毫米一般用于绘制在纸张上，0.5毫米中性笔可以在施工现场使用，随意在装饰板材、墙壁上绘制草图，适用性更广。目前，市面上还能买到红、绿、蓝、褐等多种色彩笔芯，丰富了线条结构的表现。

7. 马克笔

马克笔是一种新型的绘图工具，专用手绘效果图，普通产品笔头扁平，可以绘制粗细多种线条。色彩种类丰富，主要分为水性（酒精）和油性两种，水性马克笔的颜色亮丽，具有透明感，用沾水的毛笔在上面涂抹后效果与水彩一样（图1-38）；油性马克笔则快干、耐水，而且耐光性相当好。马克笔使用方便，打开笔盖就可以画，不限纸张，各种媒介都可以绘制。

8. 衣纹笔

衣纹笔又称为中国画用笔，一般采用细长的狼毫或猪毫做笔尖，配合水彩或水粉颜料，可以绘制出完美的细节效果，现在手绘效果图一般采用尼龙材料，笔尖显得更有弹性，上手后游刃有余。

9. 尼龙笔

就是传统的排笔，使用尼龙取代羊毛，绘制水彩效果图时，笔触坚挺，涂刷色块均匀。尼龙笔大小号码很多，有选择地使用大、中、小号各一支即可。

图1-36　上海英雄钢笔

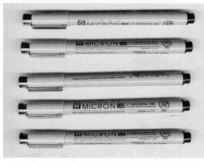

图1-37　日本樱花绘图笔

图1-38　韩国TOUCH马克笔

10. 板刷

笔头宽大，有羊毛和尼龙两种，主要规格有1寸、1.5寸、2寸、3寸等，一般用于大面积涂刷天空、水泊等场景（图1-39）。

11. 喷笔

通过电动空气压缩机将高压气体充入喷枪内，气体连带着喷枪上的颜料一起喷涂到画纸上。画面效果细腻、过渡均匀，是手绘效果图表现的极品。但是操作起来很复杂，绘制速度很慢，需要调和大量的颜料备用，浪费很大（图1-40）。

三、颜料

手绘效果图的颜料很单一，经常使用的是水彩颜料、水粉颜料和透明水色三种。

1. 水彩颜料

水彩颜料的质地很细腻，呈比较稀释的软膏状，加水调和后能形成清淡、亮丽的色彩效果。绘制效果图基本上是一次成型，对绘图者的水平有较高的要求。

调和水彩颜料时，给予的颜料不宜过多，避免造成浪费，且水分要充足，混合要均匀。特别要注意，水彩颜料中的紫色系列品种具有很强的渗透性，使用时要注意控制使用范围，避免破坏画面效果（图1-41）。

2. 水粉颜料

水粉颜料又称为广告颜料，它是传统的彩色绘画颜料，质地颗粒比水彩颜料大，有较强的遮盖力，适合初学美术绘画者使用。水粉颜料中含有胶质成分，使用时最好能将颜料浸水调和，沉淀后使用吸水纸将表面的胶质吸取出来。在现代手绘效果图中，水粉颜料的使用不是很灵活，需要反复调和，使用的力量比较大，但是可以配合水彩颜料绘制出粗糙、浑厚的效果（图1-42）。

3. 透明水色

透明水色全称为照相透明水色颜料，最初是给黑白照片添加色彩效果的专业颜料，质地很细腻，使用时要用软笔沾水将颜料缓缓稀释，再施加到图纸上。透明水色的颜色种类不多，一般用于绘制简单的快速表现图（图1-43）。

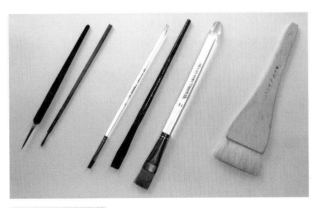

图1-39　各类软笔

图1-40　喷笔

图1-41 上海马利水彩颜料

图1-42　江苏蒙纳水粉颜料

图1-43　韩国回忆透明水色

－ 精致提示 －

初学手绘效果图要尝试
使用多种制图工具，有
了经验以后就可以按自
己的习惯来专一练习了。
摸索出工具的特性，制
图水平会提高很快。

四、尺规

尺规是重要的参照工具，坚挺的线条可以提升效果图的档次。尺规的种类很多，常用的以三角尺、曲线尺居多，如果想绘制大幅面作品，则要配合很多工具。

1. 丁字尺

长度有60厘米、90厘米、110厘米三种，首端带有垂直结构，可以固定在画板边缘作平行移动，可以快速绘制垂直、水平线条。使用时要将尺端对齐绘图板或桌面的边缘，控制移动时的平行度（图1-44）。

2. 三角尺

有斜边三角尺和等腰三角尺两件，掌控很灵活，如果长期在A3幅面上作效果图，选用边长18～25厘米的三角尺即可（图1-45）。

3. 曲线尺

用来绘制弧线，形态有大有小，但是要注意拼接自然，更大的自由弧线可以使用活动曲线尺（蛇尺）来变化造型（图1-46）。

4. 模板

模板用于绘制固定图形，方便快捷，常用的有正圆模板和椭圆模板，如果需要绘制平面图，还可以搭配家具模板和数字模板。虽然模板使用方便，但是有比例要求，不能完全依赖模板，还是要练好徒手真功夫（图1-47）。

5. 比例尺

比例尺呈三棱状，每个棱角上标注着不同的比例刻度，作尺寸图纸时，不用再频繁地计算图面比例了（图1-48）。

6. 平行尺

平行尺中间装有滚轴或连杆，边绘制边移动，可以在图纸上绘制出多条平行线。

7. 圆规

圆规最好选用套件产品，在效果图绘制中，圆规很少用，只是用来等分线段（图1-49）。

图1-44　丁字尺

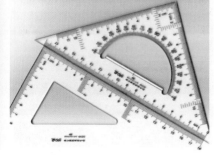

图1-45　三角尺

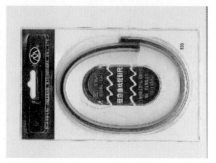

图1-46　曲线尺

图1-48 比例尺

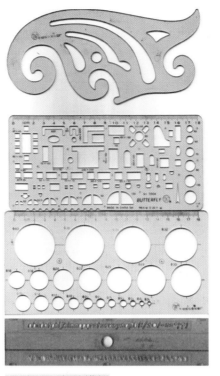

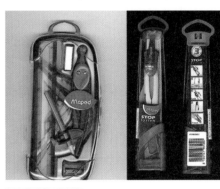

图1-47 各种模板

图1-49 圆规

第四节　快速透视方法

　　手绘效果图的基础就是塑造设计对象形体的基础，对象形体表达完整了，效果图才能深入下去，透视原理是正确表达形体的要素。学习效果图透视原理要脚踏实地地展开。从局部、细节入手，为后期的深入打下坚实的基础，切不可操之过急。绘制效果图必须掌握透视学的基本原理以及常用的制图方法，一张好的手绘效果图必须符合几何投影规律，较真实地反映预想或特定的空间效果。

　　透视图是三维图像在二维空间的集中表现，它是评价一个设计方案的好方法。利用透视图，可以观察项目中的设计对象在特定环境中的效果，从而在项目进展的初期就能发现可能存在的设计问题，并将之很好地解决。逼真而又充满现实主义色彩的透视图，能让观众更好地理解最终的设计作品，这将有助于最大化发挥手绘效果图的经济效益。

　　物体在人眼视网膜上的成像原理与照相机通过镜头在底片上的成像原理是一致的，只是人在用双眼来观察世界，而一般相机只用一个镜头来拍摄。如果我们假设在眼睛前及物体之间设一块玻璃，那么在玻璃上所反映的就是物体的透视图（图1-50）。透视图的基本原则有两点，一是近大远小，离视点越近的物体越大，反之越小；二是不平行于画面的对象平行线其透视交于一点。

透视主要有三种方式：一点透视（平行透视），两点透视（成角透视），和三点透视（图1-51）。在一点透视中，观察者与面前的空间平行，只有一个消失点，所有的线条都从这个点投射出，设计对象呈四平八稳的状态，有利于表现空间的端庄感和开阔感。在两点透视中观察者与面前的建筑或者空间形成一定的角度，建筑上所有的线条源于两个消失点，即左消失点和右消失点，它有利于表现设计对象的细节和层次。三点透视很少使用，在现实中也很少能感受到三点透视，它与两点透视比较类似，只是观察者的脑袋有点后仰，就好像观察者在仰望一座高楼，它适合表现高耸的建筑和内空。

观察者所站的高度也决定着对建筑或者其他对象的观察方式。仰视是一种从地面或地面以下高度向

上看的方式，这种观察方式不常见。平视是最典型且最常用的一种方式，我们一般就是用这种方式观察周围物体的。最后一种方式是鸟瞰，即从某个对象的上方来观察它，这种方式比较适合表现设计项目的全貌（图1-52）。

为了正确表现透视效果，在透视图中，必须掌握一些基本的名词概念。

1. 视平线（HL）

观察者眼睛所在的水平位置，视平线的位置高度也是观察者的眼睛到地面的距离。

2. 显像面（PP）

一个透明的、理论上的平面，物体的影像投射在这个面上，透视图也是在此平面中建立的。

3. 地面线（GP）

显像面与地面交界的地方。

4. 消失点（VP）

视平线上的一点，所有的平行线汇聚于此。平行线就像马路的左右两条边缘，当它们延伸到远处时，看起来就汇聚起来了，这是透视图中的普遍现象。

5. 测点（SP）

观察者所处的位置，又称为观测点。

一、一点透视

一点透视是当观察者正对着物体进行观察时所产生的透视范围，与此对应的是观察者应该与物体成一定角度。一点透视中观察者正对着消失点，因此当观

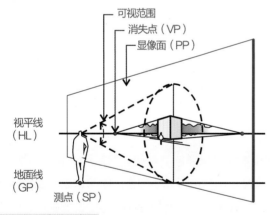

图1-50　透视示意图

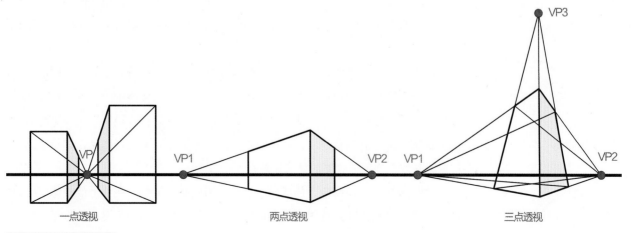

图1-51　透视的种类

察者移动时，消失点也相应移动。因此，一点透视易学易用，但是它的效果可能没有两点或者三点透视图那样富有动感。用传统且正规的方法绘制一点透视图，结果准确可靠，但是非常耗时，不利于快速表现，但它却是速成法的基础。具体绘制步骤如下：

（1）画出显像面（图1-53），将地平面放于其上。将测点放在离显像面3米的地方，用直角尺将测点与C、D、E、F、G、H各点连接起来（穿过显像面）。

（2）在任何需要的地方画出地面线，并建立起1.4米高的视平线，尺寸比例跟平面图一样。通过测点做一条垂直线与视平线相交于V点，这就是透视图的消失点。在平面图中，测点SP与C、D、E、F、G、H的边线与显像面均有交点，同样通过这些交点分别向地面线做垂直线。

（3）定位墙W和X的外沿。按比例绘制出2.8米的墙高，找到R和S两点。分别连接W、X、R、S与消失点VP，建立墙基与墙顶，确定后墙PQYZ（图1-54）。

（4）在透视图中的地面找到箱子的底平面，给箱子确定需要的高度，按上述方法绘制出最终透视效果（图1-55）。

另外还有一种一点透视快速构建方法。下面介绍的方法可以快速建立一个典型的一点透视图。这种方法一开始就要控制透视图的尺寸，并避免严格而机械地作图。如果视平线为1米高，则空间的宽度不要超过

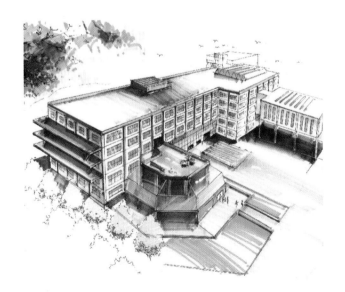

图1-52 两点透视鸟瞰效果图

18米。下面的示例是一个庭院，4米宽，4米深，带有2米高的围墙。观察者站在中间，在此空间外4米远。具体步骤如下：

（1）在画面的底部画出地面线，在图纸的左右和底部各留出适当的空白。将地面线四等分，每份代表1米。

（2）用圆规或者45°线将水平方向上的1米转化

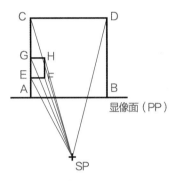

图1-53 步骤一 绘制显像面

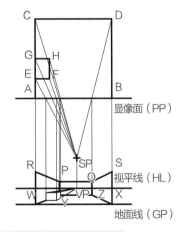

图1-54 步骤二 延伸出透视图

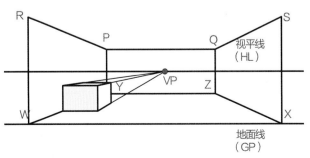

图1-55 步骤三 完成一点透视图

成垂直方向的1米距离，做1米高的视平线（图1-56）。将消失点VP放在视平线的正中。也就是说观察者位于这个空间的正中，只不过是在这个空间外的4米处。连接V与A和B两点获得这个空间的两条基线AVP和BVP。

（3）线条AVP的中点C的深度为4米，也就是说，AC的距离为4米，这个距离也是观察者与显像面的距离。后墙离视平线和地面线都不要太近。通过C点画一条平行线与直线BVP相交于D。为了定位后墙（CG和DH）的高，过C点和D点分别做垂直线。因为我们已经假定视平线的高度为1米，因此任何从视平线向下到地面的线条都是1米高。所以，只要将C点到视平线的垂直线向上加倍，就可以得到后墙的高度，这就是G和H两点。连接G和H，完成后墙的轮廓（图1-57）。

（4）为了完成前显像面，连接VG、VH并延长它们。通过A和B两点向上做垂直线，与VG和VH的延长线相交于I和J两点。

（5）将4米的地面线按20厘米的间距分成20等分，连接VP和每个等分点。连接BC，BC与每条VP与等分点的连线相交，过每个交点做水平线，得到地面网格（图1-58）。

（6）将后墙的垂直边线十等分，连接V与每个等分点并延长，直到与前墙的垂直边线相接。

（7）在地面的水平网格线与后墙基线的交点处，向上画垂直线。

（8）通过地面和墙面投射，在顶面上出网格，并完成侧墙和顶面（图1-59）。

（9）在地面的网格上定位目标物体的平面。从物体的角部向上垂直画直线直到与视平线相交，这个高度是1米（图1-60）。

（10）根据物体的所需高度进行调节。记住空间中的所有垂直线条在透视图中都与视平线垂直，所有的水平线都与视平线平行。当所有物体的高度都确定以后，完成配景，最终完成透视图（图1-61）。

二、两点透视

两点透视是分析物体三维特征的好方法，既生动又实用。当观察者不是站在物体的正面，而是站在与

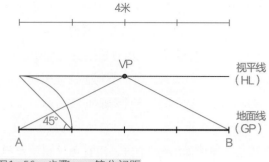

图1-56　步骤一　等分间距

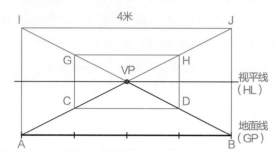

图1-57　步骤二　确定纵深及后墙

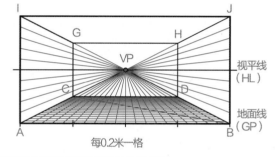

每0.2米一格

图1-58　步骤三　绘制地面网格

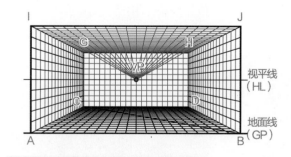

图1-59　步骤四　绘制侧墙与天花网格

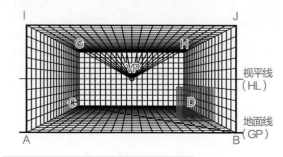

图1-60　步骤五　根据网格绘制配景

图1-61　一点透视效果图

正面成某个角度的位置观察物体时，就会产生两点透视（图1-62）。一般来说建立两点透视要比建立一点透视更复杂，除非所需的透视网格和透视投影地图已经预先建好了。

采用传统的透视方法只需要设计方案的平面图和正面图就可以建立任何角度的两点透视图。但是它很费时，完成的透视图大小也很难预先控制。同时，采用正规方法很难定位一些前景元素，如汽车和街灯。即使很多人偏爱用快速方法或者用透视投影地面作辅助，也要打好基础。

现在构建一个宽4米，高和深都为2米的建筑的两点透视。观察者站在离建筑6米远的地方，以30°或60°视角观察建筑。在以下的进阶步骤中，1～3步将说明如何建立从上观察的视图，这包括平面图、测点、视平线上的两个消失点，以及代表显像面的一条直线。4～5步引入了视平线和地面线，正面图和视平线上的两个消失点。6步最终完成两点透视。

（1）用一条直线1代表显像面。将建筑的平面图以30°或60°角放置在显像面之上。这个角度是产生

图1-62　两点透视效果图

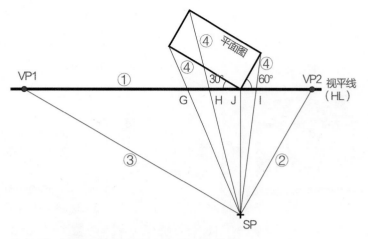

图1-63 步骤一 绘制平面方位及消失点

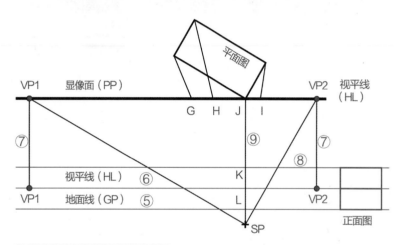

图1-64 步骤二 绘制正面图

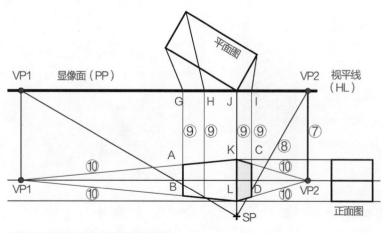

图1-65 步骤三 延伸出透视图

两点透视的最佳角度。用相同的尺寸比例在下面离建筑角6米的地方定位侧点SP（因为假设观察者离建筑角6米远）。

（2）从测点SP作出直线2与建筑的右侧线平行。直线2与显像面的交点就是右侧消失点（VP2）。类似的可以得到左侧的直线3和左侧消失点VP1（图1-63）。

（3）利用直角尺，从测点向建筑的各个角投射直线4，与显像面的交点为G、H、I。

（4）在下部空白的位置画出地面线（直线5），将建筑正面图放于其上；正面图和平面图的尺寸比例要一致。

（5）用同样的尺寸比例在地面线上1米处画出视平线（直线6）。通过显像面的左右两个消失点向下做垂直线，与视平线的交点就是视平线上的两个消失点。从侧视图向直线9投射，得到建筑的高度（直线8），并与直线相交于K点（见图1-64）。

（6）将K与L两点分别与VP1和VP2连线（直线10），分别从G、H、I三点向下垂直投影。这些直线（直线9）将与直线10相交于A、B、C、D。这样建筑的两点透视就完成了（见图1-65）。

当手头上没有透视投影地图时，两点透视快速构建方法非常适用于做草图。这里举的示例是一个8米长，4米深，5米高的建筑。观察者身高1米，站立点与建筑成30°或60°角。

（1）画一条直线代表1米高的视平线。在线的两端任意取两点（A和B），作为两个消失点。

（2）C是视平线，即VP1和VP2的中点，D是BC的中点，E是BD的中点。

（3）将D点作为建筑的角（DB长度是AB的1/4），过D点做一条垂直线。将

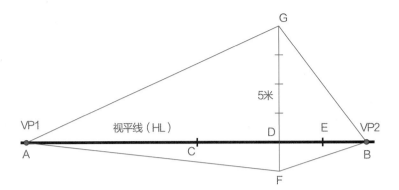

图1-66　步骤一　绘制视平线与等分点

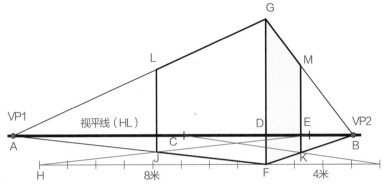

图1-67　步骤二　测量尺寸完成透视图

图1-68　三点透视效果图

F点作为建筑的基点，DF高度为1米。用堆积法获得建筑的高度，即5米（FG）。如果想让建筑离观察者更近，只要把DF加长即可。连接AG、AF、BG和BF（图1-66）。

（4）过F点画一条平行于视平线的直线，从F点向左量8米，定位点H；向右量4米定位点I。分别连接HE和IC，各自与AF和BF相交于J和K点。分别过J和K两点向上做垂直线，交AG于L，交BG于M。

（5）最后完成了建筑，可以添加细节和配景，要找到建筑上的某个特定的点，先在HF或者IF上定位此点。如果它在HF上，连接此点和E，将与JF有个交点。如果它在IF上，连接此点和C，将与FK有个交点（图1-67）。

三、三点透视

三点透视主要用于高大建筑的外观表现效果图（图1-68），绘制方法很多，在此介绍一种快速实用的绘制方法。现在构建一个高层建筑的外观三点透视图，已经得知建筑的整体长、宽、高，绘制一个仰视角度的透视图，它与普通两点透视的效果类似，但是建筑顶部有向上的消失感，因此，视平线的定位要低一些。

（1）画出建筑正立面图A、B、C、D，过B做任意两条斜线BE、BF，定出视平线HL，交于BF延长线得到VP2（图1-69）。

（2）取BVP2中点G，做GO∥BE，交于HL于O点。在HL上任取一点视心H，过H点做垂线，以O为圆心，OVP2为半径画弧交垂线H于S点，再以VP2S为半径，VP2为圆心，画弧交HL得到

M1（图1-70）。

（3）取SVP2中点S1，再以O为圆心，OS1为半径画弧交HL得出M3，在HL取点M2，使M3M2＝M3VP2（图1-71）。

（4）连CM2交BE于I，过I做垂线IJ交视平线（HL）于J，连接AJ，过B做水平线BK，BK等于建筑侧面宽度，连接KM1，交BVP2于L，过L做垂线LN交AVP2于

N（图1-72）。

（5）建筑底部适当放大，过I点任意一条斜线（向外斜）IP，交HD于P。过P点做PQ∥JA交过B点任意一条斜线（向外斜）BQ与Q。连接QVP2交过L点任意一条斜线（向外斜）LR于R（图1-73、图1-74）。

（6）最后，IPQRLB就是最终的建筑三点透视形态（图1-75）。

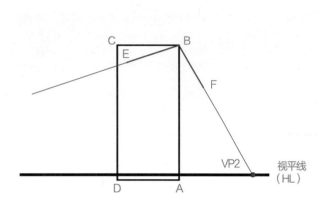

图1-69　步骤一　绘制建筑正立面

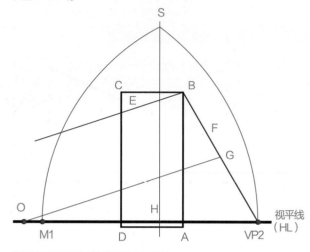

图1-70　步骤二　绘制中心线

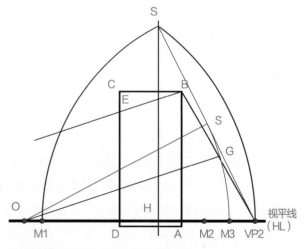

图1-71　步骤三　确定M2点和M3点

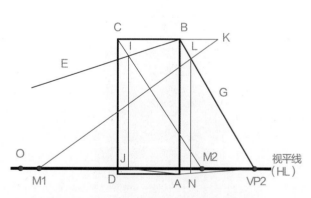

图1-72　步骤四　延伸出建筑宽度和深度的透视

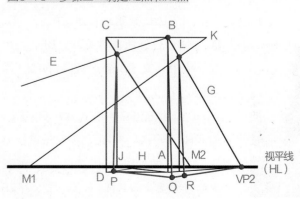

图1-73　步骤五　连接向上的透视线

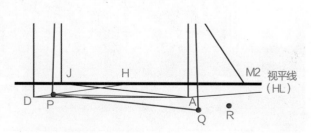

图1-74　步骤五　局部放大

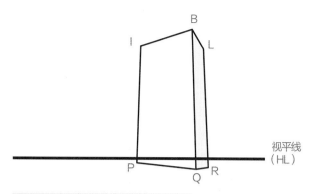

图1-75 步骤六 完成三点透视图

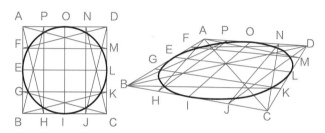

图1-76 圆的正规构建方法

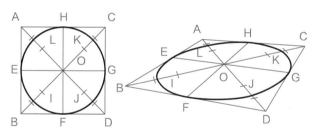

图1-77 圆的快速构建方法

四、圆的透视

圆的透视一般很难琢磨，草草几笔随意带过，但是在精致的效果图中，还是要了解它的基本规律，这样才能有目的地去随意表现。这里介绍圆的两种透视方法，第一种比较粗糙，可用于画草图；第二种比较复杂，但也更加精确。

1. 正规构建方法

（1）在透视图中放置一个正方形ABCD。将BC和CD分成四等分，并且将正方形分成16个相同的小正方形。

（2）做出线段AH和AM；用类似的方法连接得到线DF和DJ、CN和CG、BK和BP。

（3）利用产生的诸多交叉点，配合点E、O、L、I以及相关线条徒手绘出圆（图1-76）。

2. 快速构建方法

（1）在圆的透视图中绘制一个正方形ABCD。

（2）找出正方形的中点E、F、G、H，并画出正方形的对角线AD和BC。

（3）在BO线段3/4弱的地方做一点I（也可通过把BO二等分，然后再二等分，大致找到I点），用同样的方法找到点J、K、L。

（4）过E、I、F、J、G、K、H、L六点徒手绘出圆（图1-77）。

圆的透视在效果图绘制中很常见，适用于公共空间或户外园林景观。能将圆的透视画准能大幅度提升效果图的水平（图1-78）。

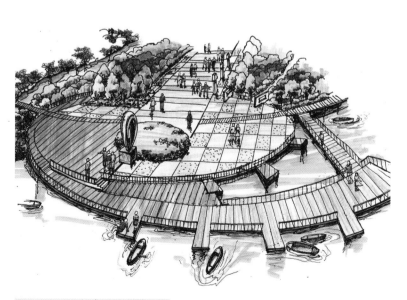

图1-78 圆在效果图中的运用

第五节　光影、色彩与质感

一、光影表现

真实的光影表现可以为手绘效果图带来丰富的明暗变化与虚实变化，是表现物体进深感、立体感的重要手段之一。常见的光分为自然光（阳光或天空光）和人造光（灯光或其他发光体）。自然光发散角度多样，在室内环境中，受光面集中在靠近门窗的部位，而室外环境也要注意光的来源，一般以表现对象的顶面为主。人造光一般位于室内环境，以灯具或发光体的位置为中心进行散发，绘制效果图时要时常注意保持受光部的整洁、干净，尤其在快速表现技法中应该尽量控制在受光部位少画或不画。

1. 光的特征

（1）光强。指光源的相对强弱。光强越强，明暗对比度越大（图1-79），反之明暗对比度就越小。

（2）方向。光线是呈直线运动的，如果只有一个光源，那方向是明确的，此时物体的明暗层次很丰富。如果有多处光源或像阴天的漫射光，则方向性就不明确了，物体的明暗层次也就少了。

（3）角度。光源与绘画者所成的角度，对物体的明暗层次分布影响很大。在绘制效果图时，绘画者要对光的角度做适当地调整、选择。

（4）光色。不同的光源或同一光源在不同的状况下，其色彩成分是不同的。如：白炽灯与日光灯，前者偏暖色，后者偏冷色；中午的阳光与傍晚的阳光，前者偏冷色，后者偏暖色等。

2. 光的色调

在光的照射下，表现对象可以被理解成是由多个面组成的。这些面不仅有各自的形状、大小，而且有着不同的方向，因此，光照后各个面反射光线的量不同，呈现出不同的明暗层次（图1-80、图1-81）。光通常可归纳成五个基本色调：

图1-79　建筑光影表现（钢笔淡彩）

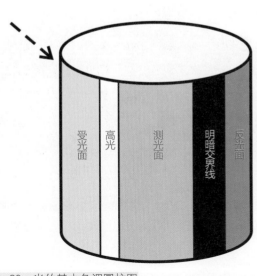

图1-80　光的基本色调圆柱图

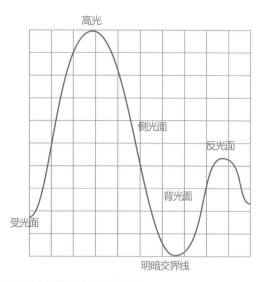

图1-81 光的基本色调曲线图

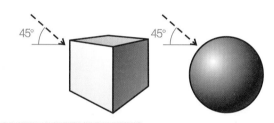

图1-82 物体上的色调表现

图1-83 室内光影表现（钢笔淡彩）

（1）受光面。表现对象正对光源的部分，通常呈现明亮的调子。

（2）侧光面。能被光源照射形成一定角度的面，通常呈现中间性调子，侧光面能正确体现物体的固有色调。

（3）明暗交界线。是表现对象受光部和背光部交界的部分，通常是深暗的调子。由于明暗交界线的位置往往正是对象物的主要转折处，因此在表现上显得非常重要。

（4）背光面。是表现对象无法让光源照射到的部分，调子较深，仅次于明暗交界线。

（5）反光面。在背光部分内，因为受到其他物体（或环境）反射来的间接光线照射而产生的略亮于背光面的层次，但通常情况下，它的明度不超过侧光面的明度。

所有物体在接受光照后都呈现出上述规律，但方形物体、曲面物体，在呈现上述规律时又会有各自的不同特征：方形物体，由于光线是在平面上分布，所以同一个面上明暗变化一般比较小，面与面的分界线很清楚，深色面和浅色面对比强烈，棱线的变化明确；曲面物体则明暗过渡比较缓和，各色调之间一般不产生明显的界线，因此层次变化微妙、含蓄。光可以投在物体上，可以投在物体的背景上，也可以投在另一个物体上，或者在同一物体的不同部分中产生光影变化。当光线照到物体上以后，其投影部分的边缘靠近物体的位置较深并且清晰，远离物体的部分较淡并且模糊。光线对物体的影响是非常复杂的，要正确表现它需要相当的技巧。为了简化这种技巧，在绘制效果图时，往往对光线作出一些标准化的限制，使之规律简化，以便能快速掌握。如将光源射出的光作为平行光束，且角度定在左上方或右上方45°（图1-82），并且选择最能体现物体立体感的光照位置，对变化的规律进行概括处理（图1-83）。

二、色彩表现

在手绘效果图中，对于形体结构和光影质感来说，色彩的变化规律显得更为复杂和难以驾驭，要想正确地表现色彩，合理设色，应该按照下列要求来操作。

1. 正确的观察方法

绘画时要时刻注意整体效果，考虑整体画面的协调，要注意把物体固有色、光源色和环境色统一在一个整体中（图1-84），通过比较，确立整体的色彩关系。这包括整个画面以及各局部间明暗、冷暖、面积、色相、彩度等，以及一系列色彩因素的经营和安排。

2. 从实物入手

色彩颜料有其明显的局限，颜料中最浅到最深的色彩表现范围，比现实即有实物的真实色彩要少得多（图1-85）。正确的表现方法是：将现实物体的色差范围按一定的比例进行收缩，使其限制到色彩颜料的表现范围内。这就是按"色彩关系"设色。如假设即有实物的真实色彩范围是2：6：10，而颜料最多只能达到5，便可将比例关系缩为1：3：5。这样虽然色彩的绝对值不同，但比例相同，就是说比例关系正确（图1-86）。

3. 简化配色方法

根据效果图的特点和要求，可以进一步寻求更为简洁、概括、规范、程式化的表现规则（图1-87），同时也对设色条件进行了一定的限定：

（1）亮面调子。光源＋物体固有色，也可用固有色＋白。

（2）中间调子。一般用物体的固有色。

（3）暗面调子。固有色＋少量深色。

（4）明暗交界线。这是物体上颜色最深的地方，也是色感最弱的地方。

（5）反光。它属于暗面的一部分，但明度上比暗面亮，环境色的影响也较强。

（6）高光。常直接采用光源色来表现，这部分是固有色反映最弱的部分，高光的表现对体现物体的质感起着非常大的作用。

图1-84 建筑竖向表现（钢笔淡彩）

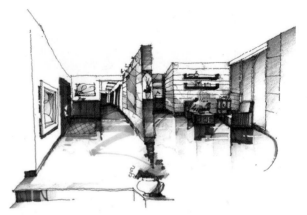

图1-85 室内光影表现

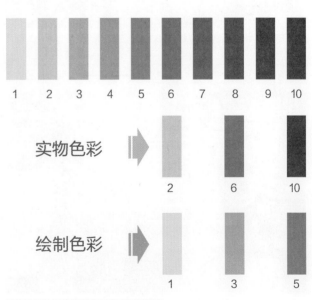

图1-86 色彩表现的对比关系

- 精致提示 -

分层次加强光影关系。
加强效果图的光影明暗
关系可以让画面显得更
有立体感，但是要注意
分多个层次来表现，不
要一次画得很黑，否则
会令人感到很脏，丧失
了效果图的审美。

亮面调子　中间调子　明暗交界线　暗面调子　反光　高光　阴影

10%

15%

30%

15%

10%

10%

10%

图1-87　建筑外立面效果图与色彩分析

（7）阴影。效果图中的阴影部分常作概括处理，有时省略有时加强。

此外，还要从色彩的色相、明度、彩度、色彩的对比与调和、色彩的感情上进行协调和限定。同一效果图中要区分同一色调，不能在不同种类的对象上使用同一种颜色，否则会显得效果单一、画面僵硬。

还要注意的是现代材料的品种很多，在室外装修上运用较多的有砖、石、水泥、玻璃、面砖以及各种屋面瓦片。在室内装修上运用较多的有木材、大理石、水磨石、瓷砖、石膏等。我们在画手绘效果图时，对于灯具、家具、帘幕等陈设还将涉及更多的材料质感表现问题。这就要求我们在日常生活中随时注意观察各种物品的质感特点，总结后用笔记录下来，及时整理到速写本上，可以快速提高质感的表现能力（图1-88）。

图1-88　不同技法的质感表现

三、质感表现

效果图的质感，直接影响到表现对象的外观。因此，在手绘效果图中，除了表现形体结构和光影明暗之外，还必须真实地表现它的质感。材料及其质感是设计师要在效果图中传达的重要信息之一。目前，自然界中的材料多种多样，要想分别描绘出全部材料的特性是很困难的，况且效果图不同于长时间操作、精心表现的油画作品，而是通过所限定的工具和颜料，要在很短的时间内完成，因而对材料及其质感的分类及分析是必不可少的。

对于某些专门以处理材料质感而获得良好效果的设计方案来讲，如果不能充分地表现出材料的质感效果，则就不能很好地反映设计意图。因为在这样的设计方案中，材料的选择、组合和处理都是经过认真推敲研究的，是反映设计意图的重要组成部分，如果忽视了质感的表现，也将难以取得良好的效果。要提高

对象质感的表现功底可以选用有色彩有纹理的硬质纸来练习，如牛皮纸就是彩色铅笔很好的练习媒介，细腻的纹理有助于笔触均匀地扩散，容易区分表现对象的不同质感（图1-89、图1-90）。

材料的质感是光照射到物体表面以后引起的，基于对光的变化的认识，可将材质受光后的变化分为三种：

1. 透明

当光照射到物体表面以后，不发生任何变化，基本上全部通过，如透明玻璃、透明塑料等。绘制此类物体的质感，只需画上自身反光，其余大部分找出背景的颜色，完全一致或略有不同即可（图1-91）。

2. 反射

当光束遇到物体后，不通过、不吸收、不扩散，只是改变方向，原封不动地直接反射出去。物体中有很多表面坚硬的材料属于此类，如镜面不锈钢、镜面铜、玻璃镜面、抛光面花岗石、抛光面大理石、瓷砖、陶瓷制品、油漆后的木制品等（图1-92）。在绘制中，

图1-89 室内效果图（一）

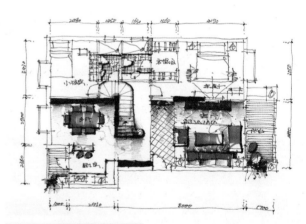

图1-90 室内效果图（二）

图1-91 室内效果图（三）

图1-92 室内效果图（四）

要根据某一材料不同的光滑程度来选择不同的表现方法。如画镜面不锈钢，由于其反射率100%，所以只需画出反射的物像，而其本身的色调几乎不用体现。但如果画出反射率约70%的油漆后的木制品，除画出反射光外，其本身的色泽花纹在画中也要有所体现。但是在一张图中不要超过三层反射。

3. 扩散

由于物体表面粗糙，光线照射后会向四周作均匀扩散，如未刨光的木制品、毛玻璃、纺织物、粗铁制品、不透明塑料、铝制品等。这类材料在绘制时要注意其明暗变化幅度小、色调微妙、固有色呈现较多、环境色影响较弱等特点（图1-93、图1-94）。

4. 多种技法绘制

要彻底提高手绘效果图速度，必须了解不同绘画工具的性能，在任何时候、任何场合都能熟练操作，这是手绘快速表现的基本功，为后期深入训练打好基础。同时，这还是国际上惯用的训练手法（图1-95至图1-98）。

图1-93 室内效果图（五）

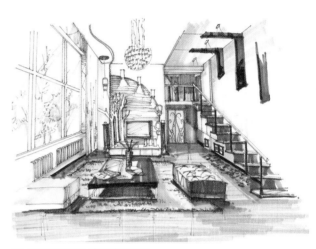

图1-94 室内效果图（六）

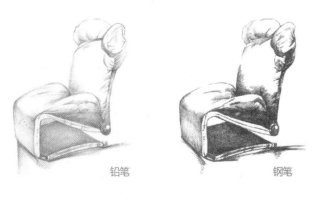

铅笔　　　　　　　　钢笔

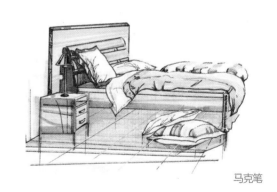

马克笔

水粉

图1-95 多种绘制技法（一）

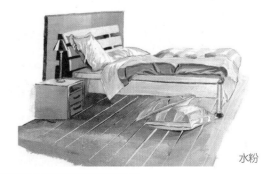

水粉

图1-96 多种绘制技法（二）

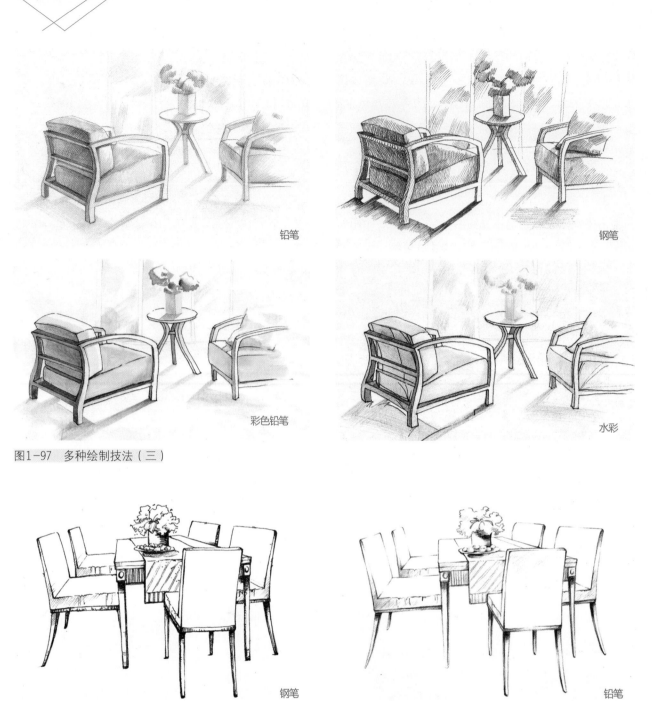

铅笔

钢笔

彩色铅笔

水彩

图1-97 多种绘制技法（三）

钢笔

铅笔

马克笔

彩色铅笔

图1-98 多种绘制技法（四）

线条表现

图2-1　手绘效果图线条稿

效果图基础就是塑造形体的基础，对象形体表达完整了，效果图才能深入下去，透视、线条、色彩、质感都是正确表达形体的要素。基础学习要脚踏实地地展开。从局部、细节入手，为后期工作的深入打下坚实的基础，切不可操之过急（图2-1）。

关键词： 线稿、层次、步骤

第一节　线条运笔技法

各种线条的组合能排列出不同的效果，线条与线条之间的空白能形成视觉差异，出现不同的材质感觉（图2-2）。此外，经常用线条表现一些环境物品，将

笔头练习当作生活习惯，可以快速提高表现能力，树木、花草、家具都是很好的练习对象。

绘制这些景物要完整，待观察、思考后再作绘制，

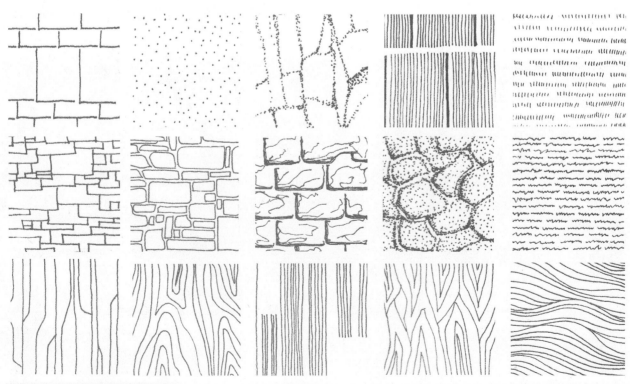

图2-2　线条的材质表现（绘图笔）

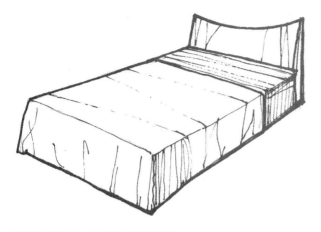

图2-3 线条强化形体结构（一）

图2-4 线条强化形体结构（二）

图2-5 线条的错误绘制

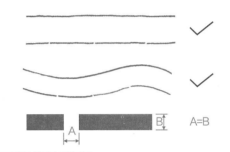

图2-6 线条的正确绘制

图2-7 分点绘制长线条

图2-8 线条的交错

图2-9 强化投影与转折部位（一）

不能半途而废。针对复杂的树木，要抓住重点，细致表现局部；针对简单的家具，要抓住转折，强化表现结构（图2-3、图2-4）。手绘线条要轻松自然，善于利用日常零散时间作反复练习。

绘制短线条时不要心急，一笔一线来绘制，切忌连笔、带笔（图2-5），笔尖与纸面最好保持85°～90°，使整条图线均匀一致。绘制长线条时不要一笔到位，可以分多段线条来拼接，接头保持空隙，但空隙的宽度不宜超过线条的粗度（图2-6）。线条过长可能会难以控制它的直度，可以先用铅笔作点位标

记，再沿着点标来连接线条，绘图笔的墨水线条最终遮盖了铅笔标记。线条绘制宁可局部小弯，但求整体大直（图2-7）。需要表达衔接的结构，两根线条可以适度交错；强化结构时，可以适度连接；虚化结构时，可以适度留白（图2-8）。绘制整体结构时，外轮廓的线条应该适度加粗强调，尤其是转折和地面投影部位（图2-9、图2-10）。

为了快速提高线条技法，可以抓住生活中的瞬间场景，时常绘制一些植物、空间形体，有助于熟悉线条的表现能力（图2-11）。

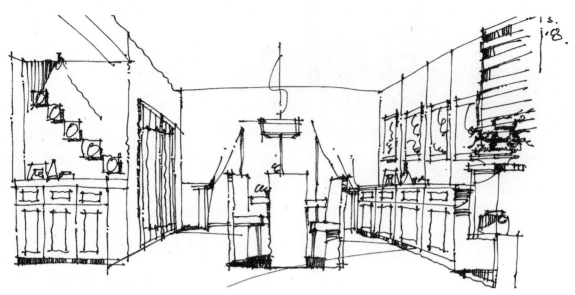

图2-10　强化投影与转折部位（二）

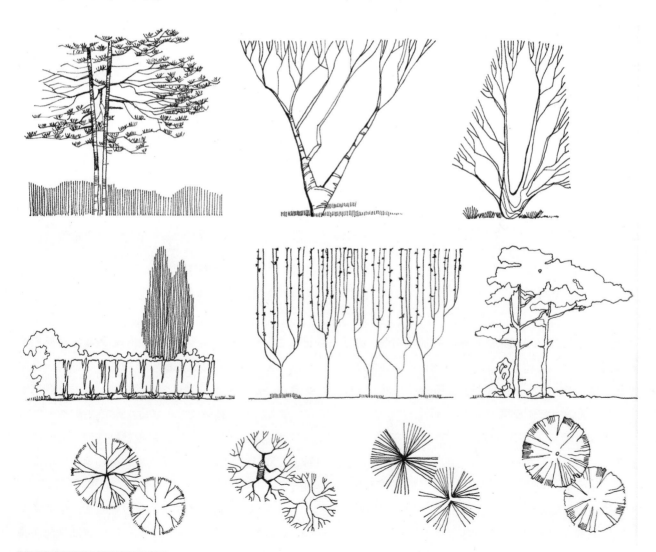

图2-11　线条练习（绘图笔）

第二节　线条图例练习

　　对照优秀的线条图例临摹是学习线条表现比较有效的方法。最开始学习的时候最好完全参照着临摹，要注重笔的走向以及勾线的技巧。练习熟练并且掌握了一些技巧之后，可以依照优秀作品自由发挥，但是自由发挥还是要遵照最基础的线条勾画规律来作画。图2-12至图2-19提供的各种线条图例的范图，供学习参考。

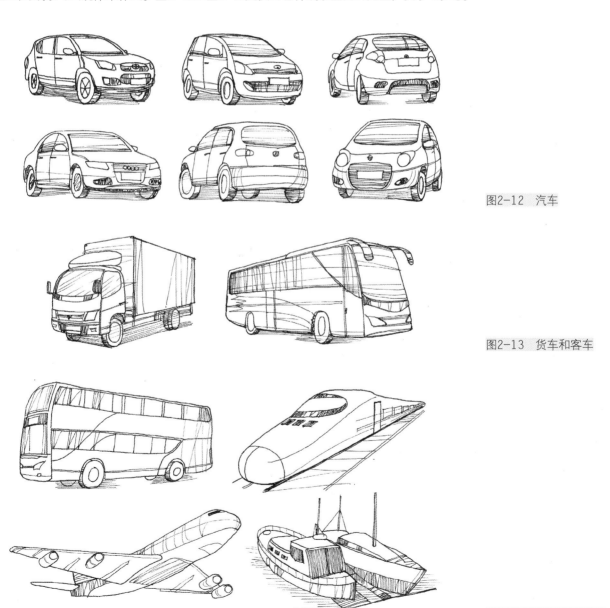

图2-12　汽车

图2-13　货车和客车

图2-14　各类交通工具

— 精致提示 —

随身携带绘图笔，对绘
图笔的训练要深入到生
活中去，平时可以随身
携带一支0.2毫米的绘图
笔作书写笔来使用，写
字、绘图、签名都可以
练习。

图2-15　绿化和盆景植物

图2-16　小物件

图2-17 植物

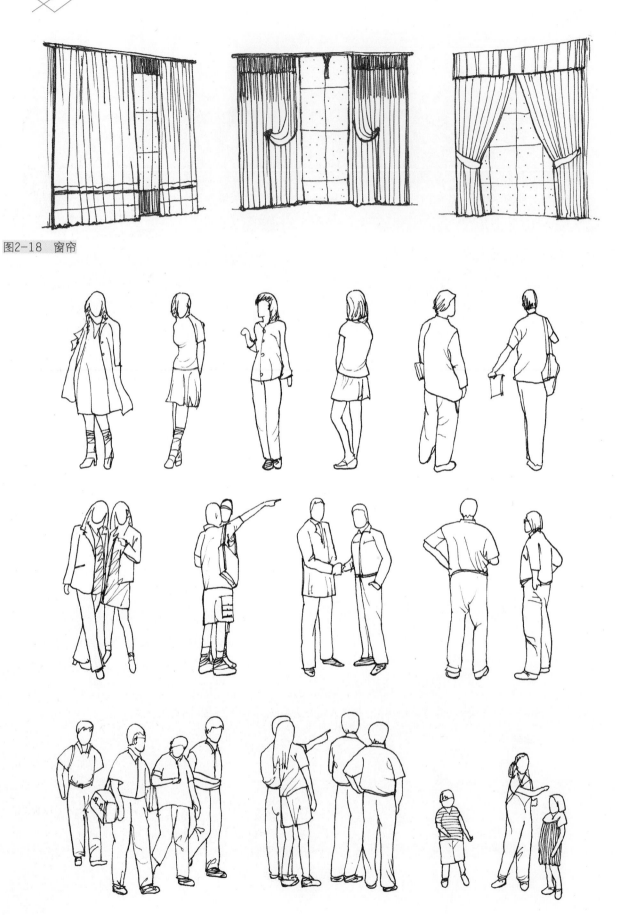

图2-18　窗帘

图2-19　人物

第三节　表现步骤

线稿的步骤比较简单，下面列举两个案例的线稿表现步骤（图2-20至图2-27）。

首先，画出整个线稿图的结构，一般画结构的时候会勾勒出重要物体的轮廓。

然后，一步步完善细节，由远到近开始勾画细节部分。

接着，开始画主题物体旁边的点缀物体，例如植物、人物等，这时候整个线稿图基本完成了。

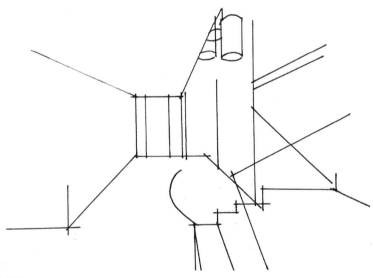

图2-20　线稿图表现步骤一

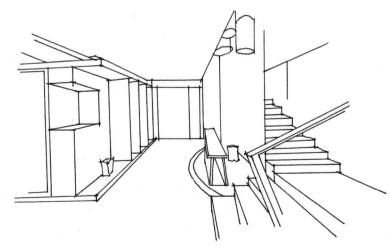

图2-21　线稿图表现步骤二

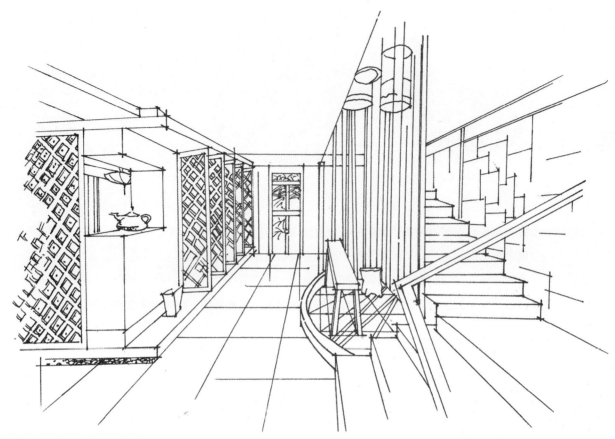

图2-22 线稿图表现步骤三

图2-23 线稿图表现步骤四

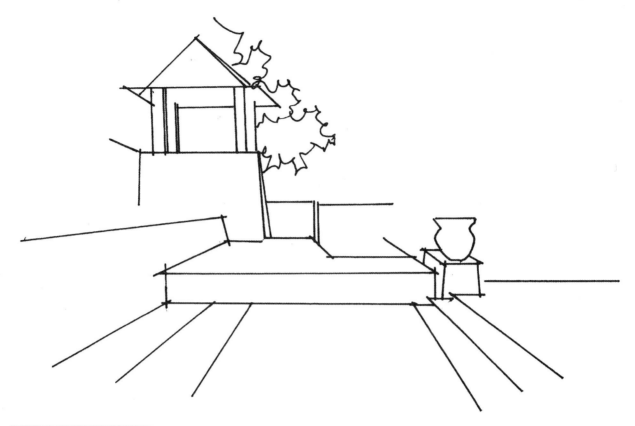

图2-24 景观线稿步骤图一

图2-25 景观线稿步骤图二

图2-26　景观线稿步骤图三

图2-27　景观线稿步骤图四

最后，完善各种小细节,处理各种物体的材质之类的小细节，一幅线稿图就完成了。

如果练习得当，画面感觉不错，还可以尝试着色，着色前可以将图稿复印，在复印稿上着色，提高学习兴趣（图2-28、图2-29）。

图2-30至图2-45为线条结构图范例。

图2-28　卧室线稿

图2-29　卧室线稿着色

图2-30 住宅客厅线条系结构图（一）（绘图笔 150克A4绘图纸 40分钟）

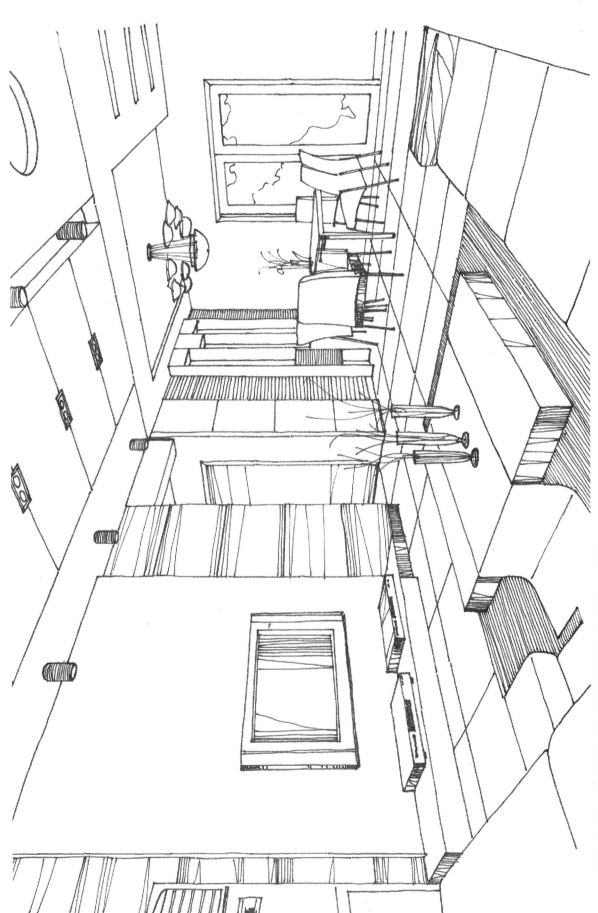

图2-31 住宅客厅线条结构图（二）（中性笔 150克A4绘图纸 25分钟）

图2-32 住宅客厅线条结构图（三）（中性笔 150克A4绘图纸 25分钟）

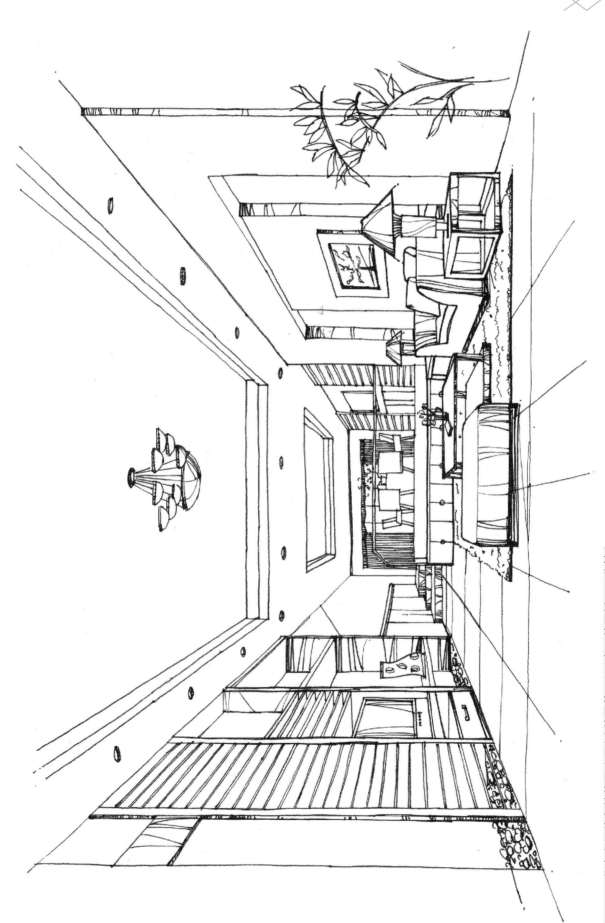

图2-33 住宅客厅线条结构图（四）（绘图笔 150克A4绘图纸 35分钟）

图2-34 住宅客厅线条结构图（五）（绘图笔 150克A4绘图纸 40分钟）

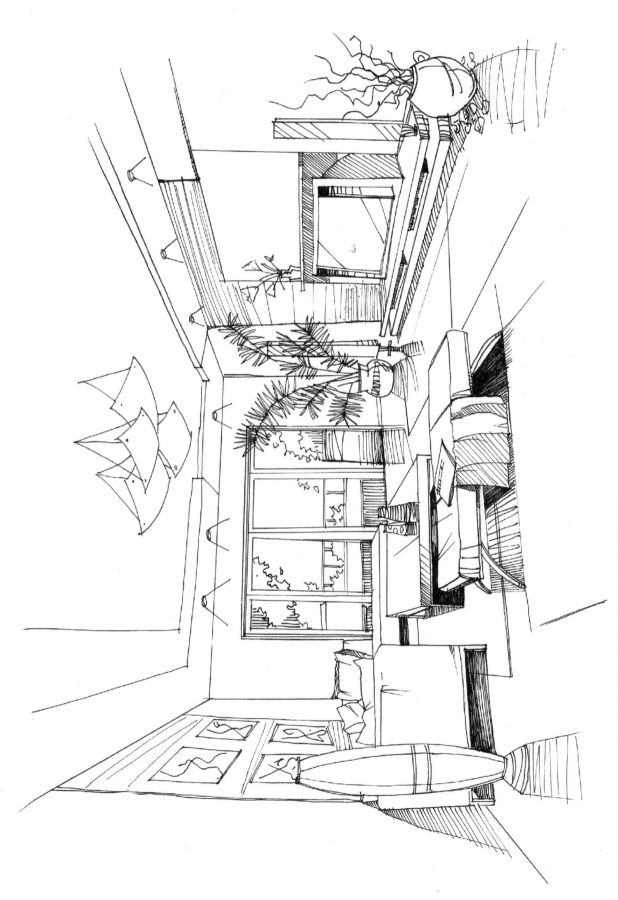

图2-35 住宅客厅线条结构图（六）（绘图笔 150克A4绘图纸 35分钟）

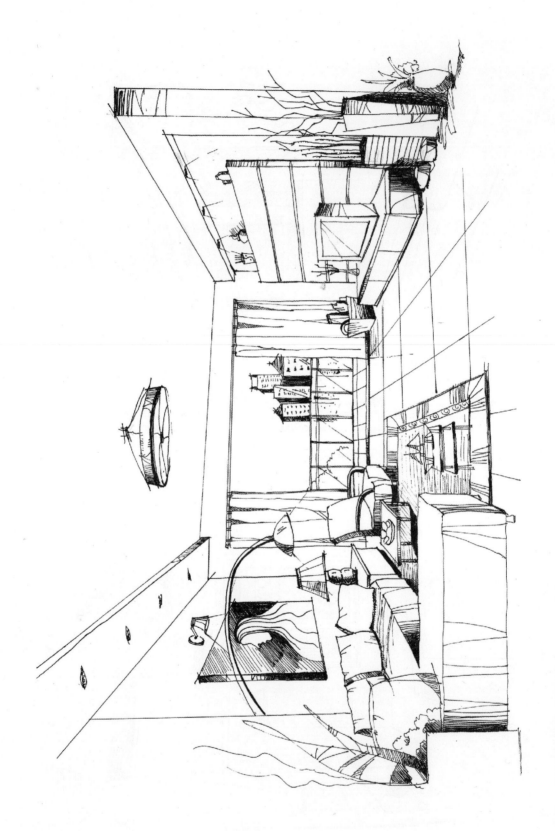

图2-36 住宅客厅线条结构图（七）（绘图笔 150克A4绘图纸 40分钟）

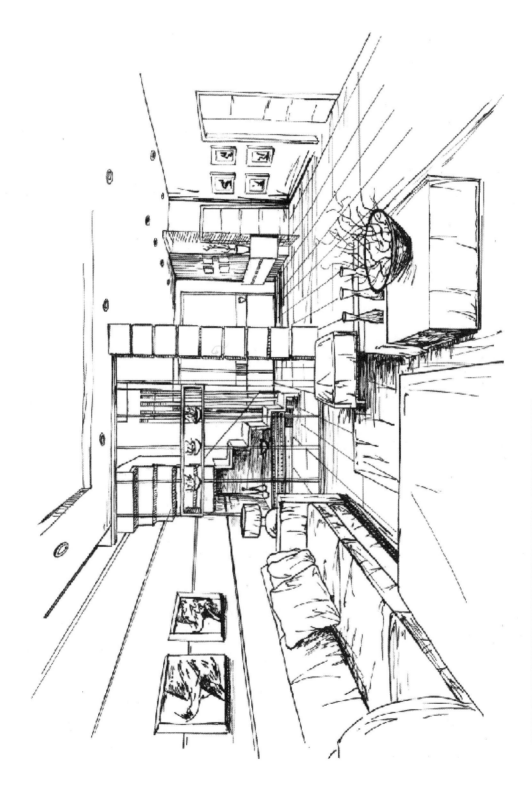

图2-37 住宅客厅线条结构图（八）（绘图笔 150克A4绘图纸 40分钟）

图2-38 住宅客厅线条结构图（九）（绘图笔 150克A4绘图纸 35分钟）

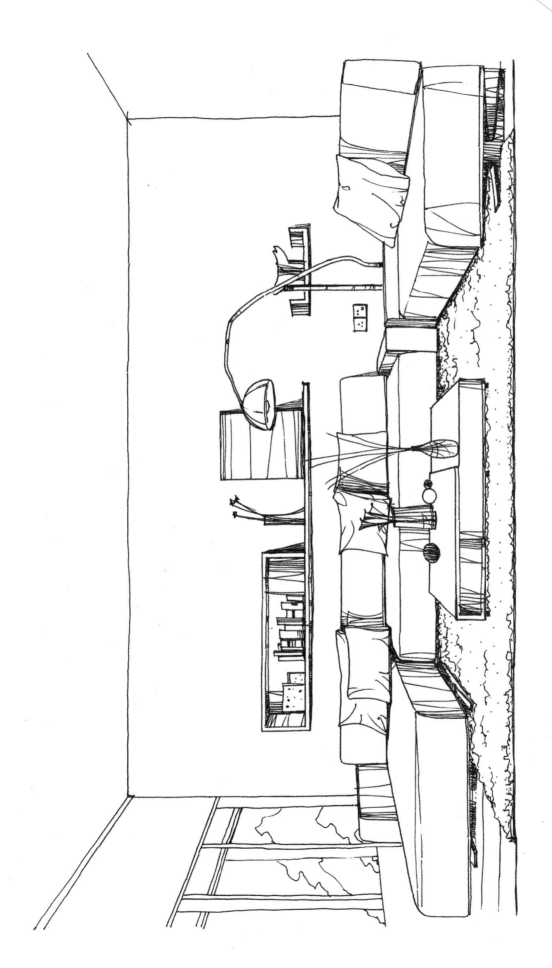

图2-39 住宅客厅线条结构图（十）（中性笔 150克A4绘图纸 25分钟）

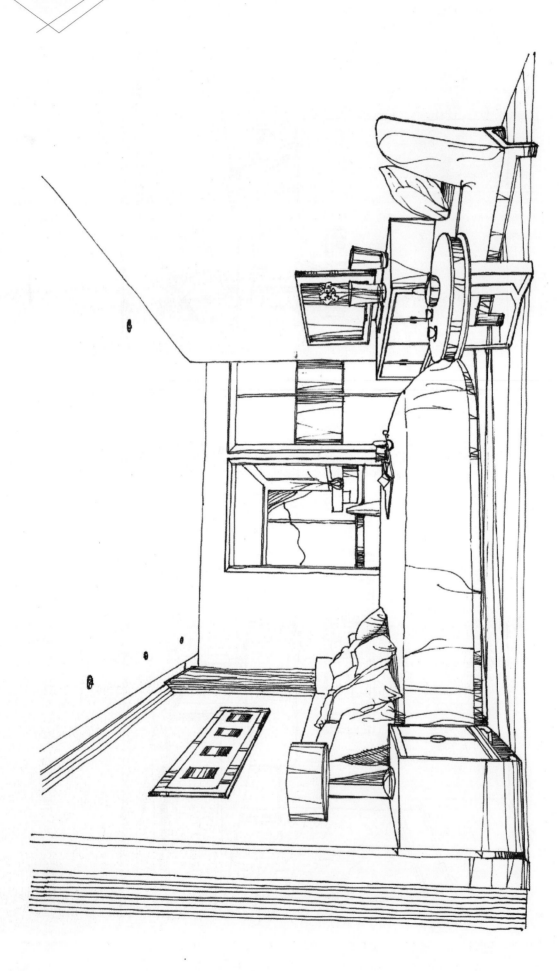

图2-40　住宅卧室线条结构图（一）（中性笔　150克A4绘图纸　20分钟）

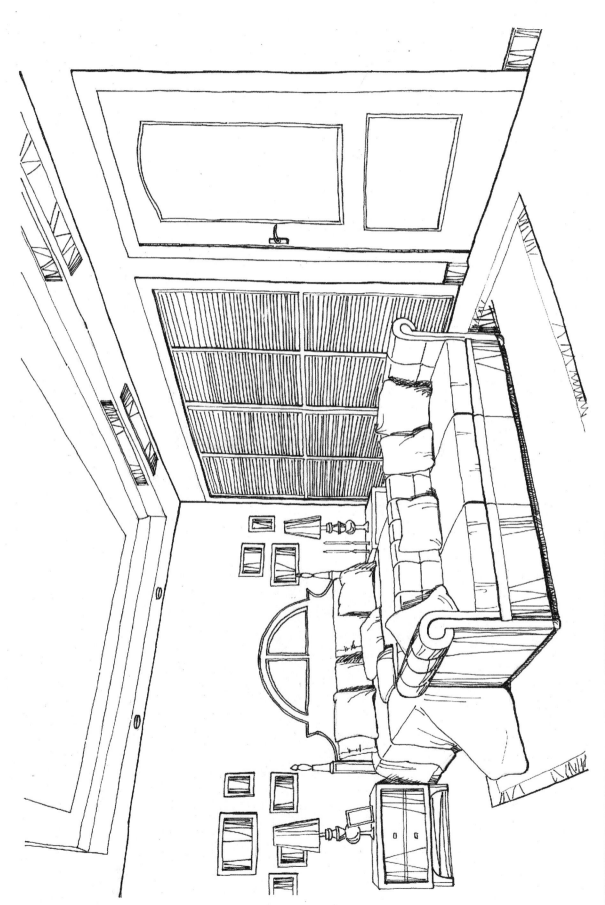

图2-41　住宅卧室线条结构图（二）（绘图笔　150克A4绘图纸　40分钟）

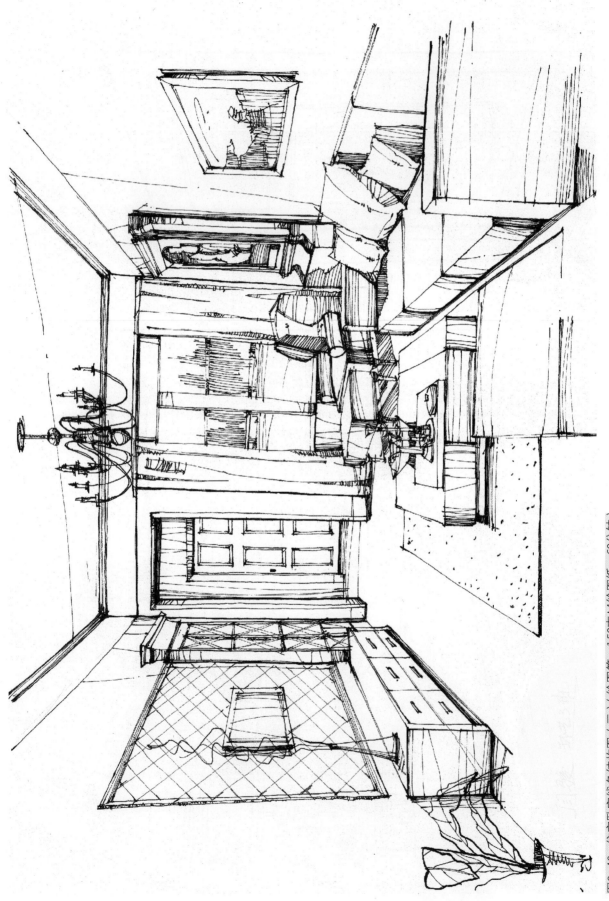

图2-42　住宅卧室线条结构图（三）（绘图笔　150克A4绘图纸　60分钟）

图2-43　住宅卧室线条结构图（四）（绘图笔　150克A4绘图纸　40分钟）

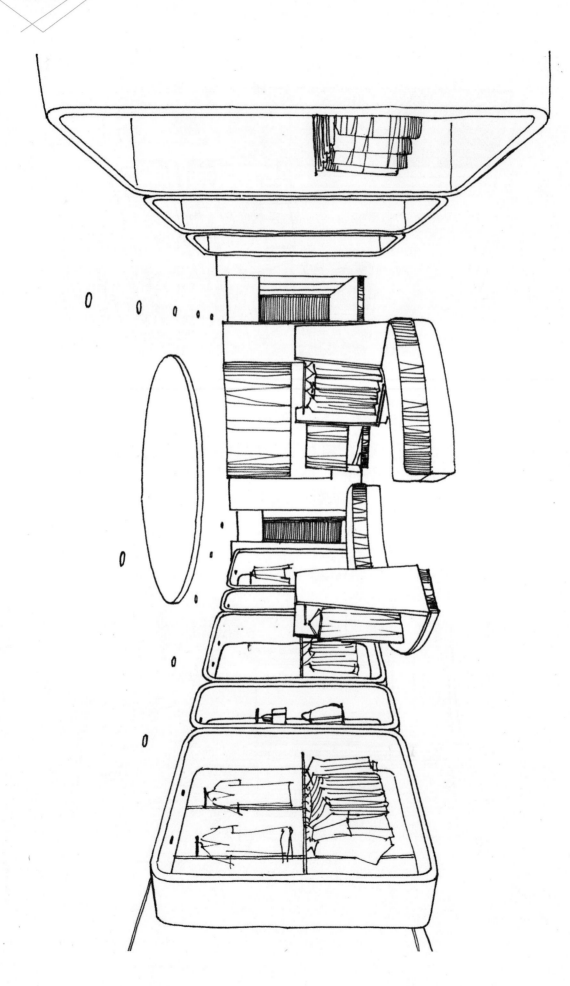

图2-44　店铺室内线条结构图（中性笔　150克A4绘图图纸　20分钟）

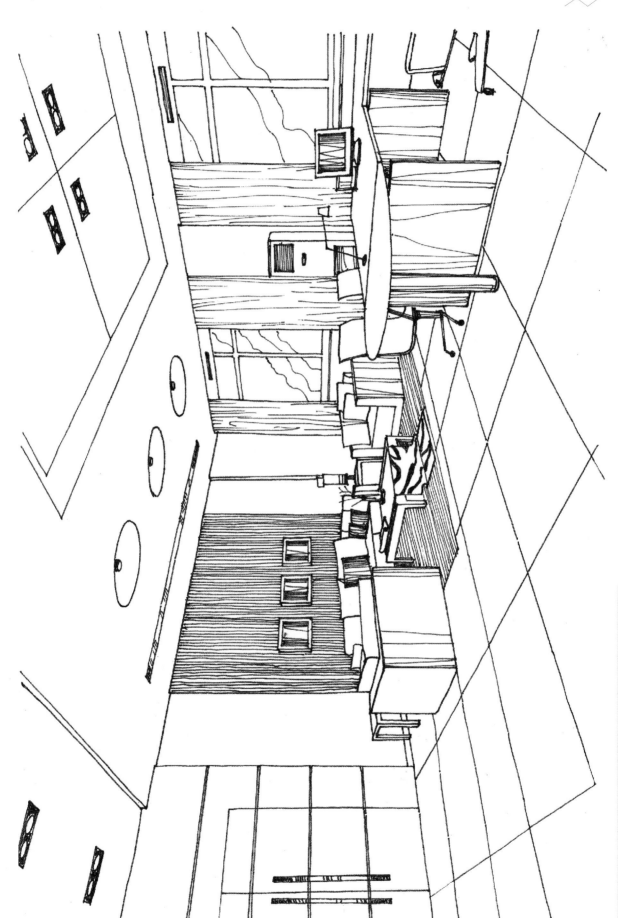

图2-45 办公室线条结构图（中性笔 150克A4绘图纸 30分钟）

3

马克笔着色表现

图3-1 马克笔效果图

马克笔是一种时尚的快捷表现工具，主要分为酒精性和油性两种，手绘效果图主要使用前者，因为它的色彩明快、层次丰富，适用性很强（图3-1、图3-2）。马克笔的笔触宽厚，对于精致表现有一定的难度，可以增大效果图的幅面，但是能快速提高绘图效率。目前，市场上的马克笔价格越来越低，如果长期使用，可以购置40～60种颜色。

关键词： 线稿、层次、步骤

第一节 马克笔运笔技法

马克笔的笔头一般呈倾斜状，绘制时要时刻控制好握笔的角度，保证倾斜笔头与纸面完全接触，绘制面域时要对齐首末两端。笔触端头容易出现粗重的积水，这是由于纸张吸水所致，可以选择使用白卡纸或铜版纸，如果有条件限制，在落笔时可以轻抬手腕，减缓积水带来的不良效果。

严格控制笔触的绘制范围是马克笔技法的重点。初学者使用马克笔最好利用三角尺或直尺来辅助绘制，避免图面凌乱不堪。深色或暗部的加强笔触不宜过多，笔触的数量在三条左右，开叉的间距要把握得当。同种颜色的马克笔重叠着色不宜超过两遍，第三遍对加深层次起不了太大的作用。在同一个着色区域要使用多种色彩作过渡变化，应该先浅后深，颜色不宜超过三种，并且最好使用同色系或接近色系的马克笔，否则表现对象的固有色难以明确（图3-3）。有的马克笔具备粗、细两种笔头，使用起来比较方便，适宜初学者选购。

马克笔运笔应当果断、细致，不能因为绘画速度快而乱涂一气，色彩一旦赋予到纸面上后，就很难再修改，务必一次成型。

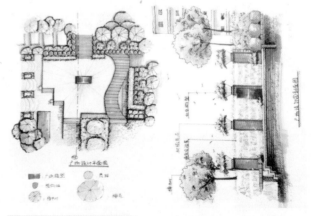

图3-2 马克笔平立面图

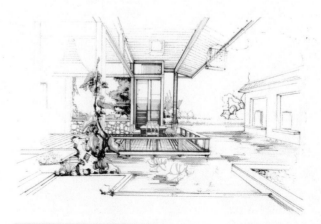

图3-3 马克笔效果图（一）

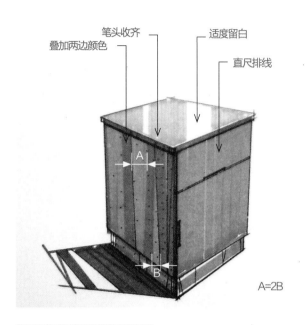

笔头收齐　　适度留白

叠加两边颜色　　直尺排线

A=2B

图3-4　马克笔运笔示意图

第三节　马克笔临摹

对照马克笔效果图的范本临摹是很好的学习方法，不必完全参照原有的色彩，但是要注重用笔的方向和叠加的次数，尤其是在一个普通着色面域里，到底排列了几条笔触，笔触之间如何交错等都是优秀作品与众不同的精髓之处（图3-4、图3-5）。有的初学者想建立自信心，将优秀范本线稿复印后直接着色，这种方法可以试一试，但是这种完全"依葫芦画瓢"的训练方式效果并不明显。图3-8至图3-15提供马克笔绘制的范图，供学习参考。

第二节　马克笔质感表现

马克笔表现的物体一般都很平和，但是体块感很强，当然，要区分不同材料的质感很难。一般可以通过适当留白来表现光滑的材料，如抛光地砖、光亮的油漆、陶瓷等；用排列整齐、密不透风的着色体块来表现砖块、木材等；用弯曲、随意的线条及断点来表现水波、布艺等。在多种材质并存的效果图中，也可以适当加入彩色铅笔、钢笔的肌理效果，以增强马克笔的表现能力（图3-6至图3-9）。

图3-5　马克笔效果图（二）

图3-6 小摆件与绿植（一）

图3-7 小摆件与绿植（二）

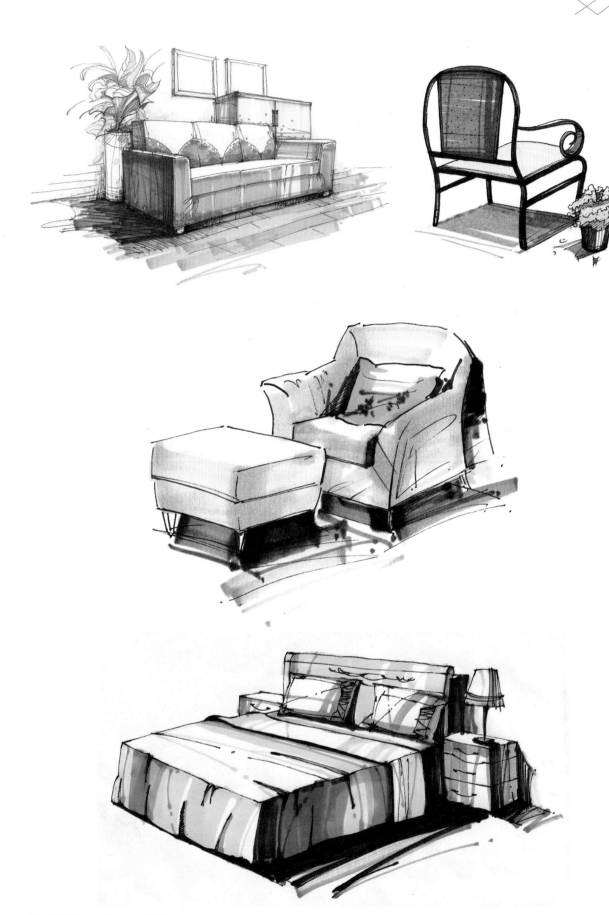

图3-8　家具与装饰配件（一）

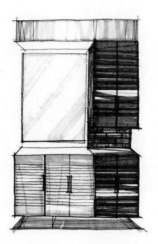

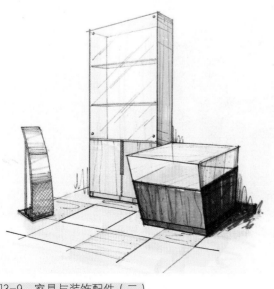

图3-9　家具与装饰配件（二）

- 精致提示 -

干画法特点是快捷、准确、清晰、明快、容易掌握。快是干画法最大的优点，它所使用的笔或颜料都是干性的或速干性的，所以画前不用裱纸。

第四节　表现步骤

马克笔绘图效率很高，技法单一，效果出众，也是本书的重点。

首先，使用绘图笔在150克优质绘图纸上绘出结构轮廓，具体透视步骤可以先在其他纸张上完成后拓印过来。轮廓结构要求清晰、简单，但是不要绘制细节（图3-10）。

然后根据设计构想选用恰当的色彩铺填主要面域，马克笔笔触宽厚有力，力求一次成型，注意不要超出边界线（图3-11）。

找准色彩关系后就绘制细部结构中的色彩，马克笔色彩数量不多，要注意避免雷同（图3-12）。

其后就可以使用绘图笔来强化细节，主要是弱化马克笔的粗犷效果，将笔触端头修饰平整（图3-13）。

最后，整体调整画面关系，抓住1~2处细节深入刻画，强化暗部的重量感，这时要求马克笔与绘图笔能同步使用，一气呵成（图3-14）。

图3-10　厨房场景效果图绘制步骤一

图3-11　厨房场景效果图绘制步骤二

图3-12　厨房场景效果图绘制步骤三

图3-13　厨房场景效果图绘制步骤四

图3-14　厨房场景效果图绘制步骤五

图3-15 客厅效果图（马克笔＋绘图笔 150克A4绘图纸 80分钟）

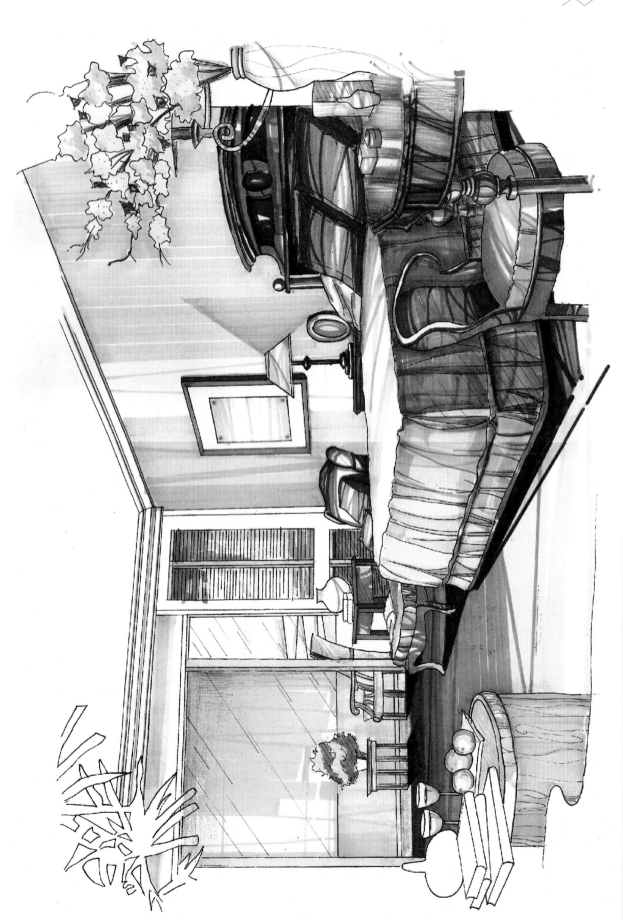

图3-16 住宅卧室效果图（马克笔＋绘图笔 150克A3绘图纸 120分钟）

图3-17 建筑外观效果图（马克笔＋绘图笔 150克A3绘图纸 120分钟）

图3-18 园林景观效果图（马克笔＋绘图笔 80克A4复印纸 30分钟）

其他工具着色表现

第四章

图4-1 彩色铅笔效果图（一）

手绘效果图的技法多种多样，一般而言，最终得到的图面效果是一致的，严谨、精致地用笔可以提高效果图的档次，彩色铅笔的塑造能力最强，但是需要静下心来认真思考，经过思考后再绘制可以得到宝贵的经验（图4-1）。

关键词： 写实、严谨、稳重

第一节　彩铅表现方法

彩色铅笔使用成本低廉，是很多设计师徒手表现的首选工具，看似简单的彩色铅笔在使用时却非常复杂，对设计师的素描功底要求很高，着色时要耐心、细心，用整齐的线条排列出丰富的色彩面域（图4-2）。水溶性彩色铅笔是近年来比较流行的效果图工具，它的笔芯柔和细腻，削尖后能深入刻画细节，需要时刻保持尖锐的状态，因此最好使用转笔刀来削切。当然，粗钝的笔尖也可以描绘云彩、水泊，适度地加水可以形成水彩渲染效果，使画面淋漓畅快，与深入的细节形成鲜明对比。

图4-2 彩色铅笔效果图（二）

一、运笔

彩色铅笔的绘制手法与铅笔素描相似，但是效果图的幅面一般小于素描写生作品，所以运笔排线应该紧凑、细腻，无论粗细线条都应该整齐一致。待整体着色面域平涂均匀后再稍加力度，强化结构（图4-3），如果表现对象的形体结构不明确，无法把握它的走向，可以考虑将线条统一竖向排列，保持图面整齐、稳重（图4-4）。彩色铅笔的运用要保持手腕灵

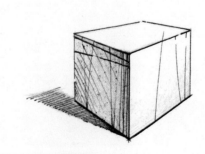

图4-3 彩色铅笔运笔

敏，这项基本功需要长期训练。彩色铅笔要时常保持尖锐的状态，深入刻画细节非常有必要，如果线条排列不到位，可以尝试使用软笔蘸清水来溶解。

二、水溶

水溶性彩色铅笔排列线条后，可以加入适量清水调和，但前提是线条排列整齐、细腻。使用小号衣纹笔蘸水，在图面上涂抹，力度要轻（图4-5），所调和的色彩不宜超过三种，不宜调和红绿、黄紫、橙蓝等互补色，否则图面效果会变得很灰暗。当然，也不能完全寄希望于水溶，线条排列疏松且毫无方向感即使经过水溶，也会令人感到粗糙。

三、勾线

彩色铅笔的着色力度不是很强，不能表现出特别稳重的效果，因此最好使用绘图笔勾勒形体结构。绘图笔要压在着色面的边缘绘制，传统的机械针管笔容易堵塞，建议使用一次性绘图笔。表现结构特征的线条可以灵活把握，自由断开、弯曲都能形成轻松自由的感觉（图4-6）。勾线可以在着色前进行，也可以在着色后操作，但是要注意避免彩色铅笔覆盖了黑色线条，重复绘制线条很污染画面。如果只是考虑轻微着色，可以先勾线再着色；如果想绘制得比较深入，最好先着色再勾线（图4-7）。手绘效果图追求快速，钢笔淡彩的表现技法一般控制在2小时以内，如果超过3小时，还不如使用计算机三维软件来制作。短时完成的作品要讲究创意，效果图的表现不是绘画，而是为了表达自己的设计思想，将设计创意展现给客户，只有精致细腻、唯美逼真的表现技法才能满足客户的要求。因此，效果图中的设计对象才是表现的重点。

四、临摹

临摹是很好的学习方法，手绘效果图不一定要临摹效果图，照片上的光影关系、色彩质感更能考验我们的逻辑思维，不断比较即可得出丰富的图面效果。

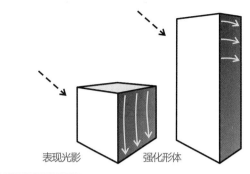

表现光影　　　强化形体

图4-4　运笔方向

图4-5　彩色铅笔水溶

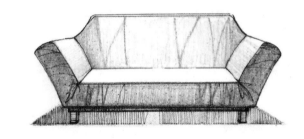

图4-6　彩色铅笔勾线

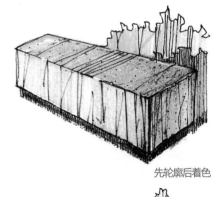

先轮廓后着色

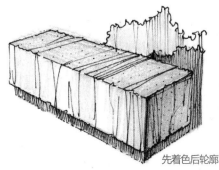

先着色后轮廓

图4-7　轮廓与着色的顺序对比

临摹彩色铅笔效果图要抓住运笔方向和配色规律。所有的精致细节都来源于尖锐的笔尖，临摹时不可能抓住范图上的一笔一画，但是线条的细腻程度是可以模仿出来的。当技法熟练后，可以对照着光影明确，色彩丰富的饰品、家具、场景的照片绘画，将照片转化成效果图，这种练习可以大幅度提高调和色彩的能力，同时也能避免范图不良技法的干扰，这里提供一些范

本供参考（图4-8至图4-13）。

五、表现步骤

使用彩色铅笔快速绘制效果图比较简单，最好配合150克优质素描纸，这样能让笔触、线条显得更加柔和。

图4-8　彩色铅笔临摹作品

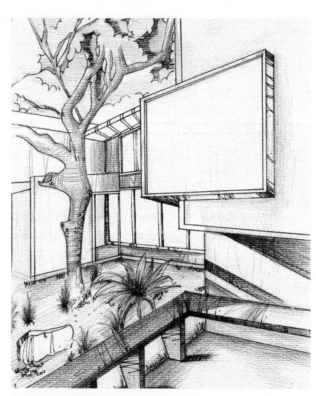

图4-9　室外场景视角

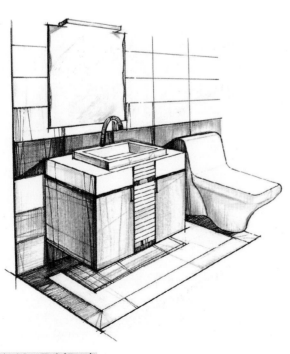

图4-10　卫生间一角

图4-11　办公室一角

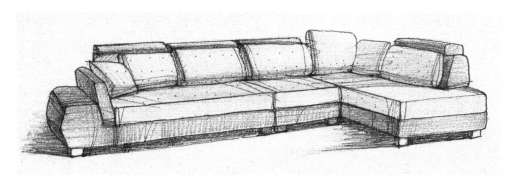

图4-12 沙发

图4-13 家具与配饰

◆ 精致提示 ◆

彩色铅笔要时常保持尖
锐的状态，深入刻画细
节非常有必要。如果线
条排列不到位，可以尝
试使用清水来溶解，但
是不能完全依靠水溶技
法来解决所有深入刻画
的细节。

首先，使用绘图笔在素描纸上绘出空间对象的大概轮廓，具体透视步骤可以在复印纸和硫酸纸上完成后拓印过来。这样正稿画面能保持干净整洁，注意不要绘制细部结构，避免被后续彩色铅笔的笔触所覆盖（图4-14）。

然后，开始着色，先从整体入手，分几个大的色块均匀排列笔触，小面域可以顺应结构排列，大面域应该倾斜45°排列（图4-15）。明确色彩关系和画面基调后就可以深入细节来着色了，细节部位面积小时，笔触力度要大，但是要避免遮掩最初的结构线条。此外，还可以根据主要色调变化出更多的色彩，使其相互穿插（图4-16）。

接着，当色彩铺填比较完整时就可以增加装饰、结构线条了，这时绘图笔落笔要轻，主要强化表现背光部位、转角部位和布艺的皱褶部位（图4-17）。这一步要随时纵观全局，避免画蛇添足。

最后是整体调整，从画面的一个局部到另一个局部逐个深入刻画，同步运用彩色铅笔和绘图笔，进一步加强重点部位的对比关系，深入刻画核心构件，最终完成作品（图4-18）。

图4-19至图4-28为彩色铅笔效果图范例。

图4-14 卧室场景效果图绘制步骤一

图4-15 卧室场景效果图绘制步骤二

图4-16 卧室场景效果图绘制步骤三

图4-17　卧室场景效果图绘制步骤四

图4-18　卧室场景效果图绘制步骤五

图4-19　住宅卧室效果图（一）（彩色铅笔＋绘图笔　150克A4绘图纸　120分钟）

图4-20 住宅客厅效果图（一）（彩色铅笔＋绘图笔 150克A3绘图纸 150分钟）

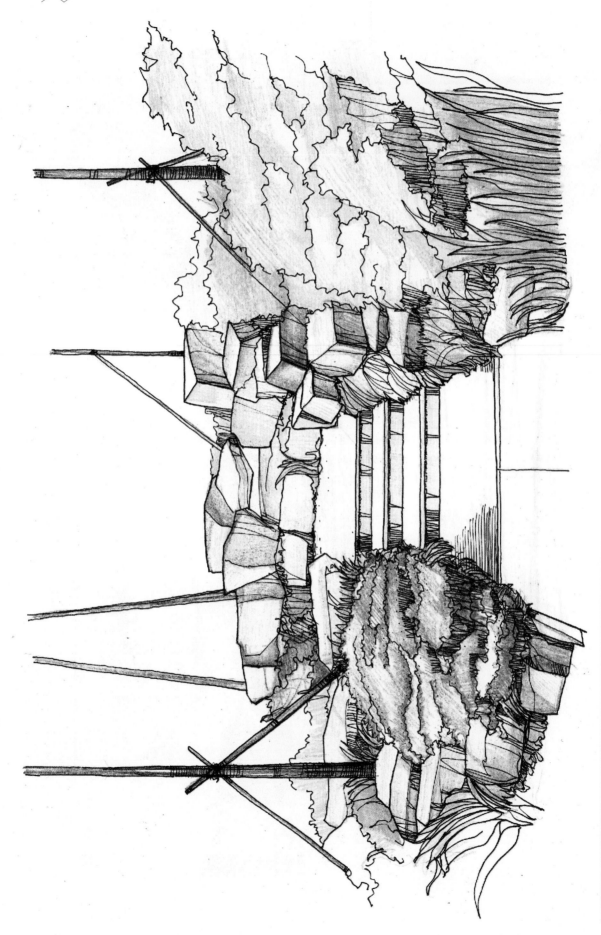

图4-21 庭院绿化效果图（彩色铅笔＋绘图笔 150克A4绘图纸 90分钟）

图4-22　住宅客厅效果图（二）（彩色铅笔＋绘图笔　150克A4绘图纸　120分钟）

图4-23　住宅卧室效果图（二）（彩色铅笔＋绘图笔　150克A3绘图纸　180分钟）

图4-24　住宅客厅效果图（三）（彩色铅笔＋绘图笔　150克A3绘图纸　160分钟）

图4-25　酒吧效果图（彩色铅笔＋绘图笔　80克16开软牛皮纸　140分钟）

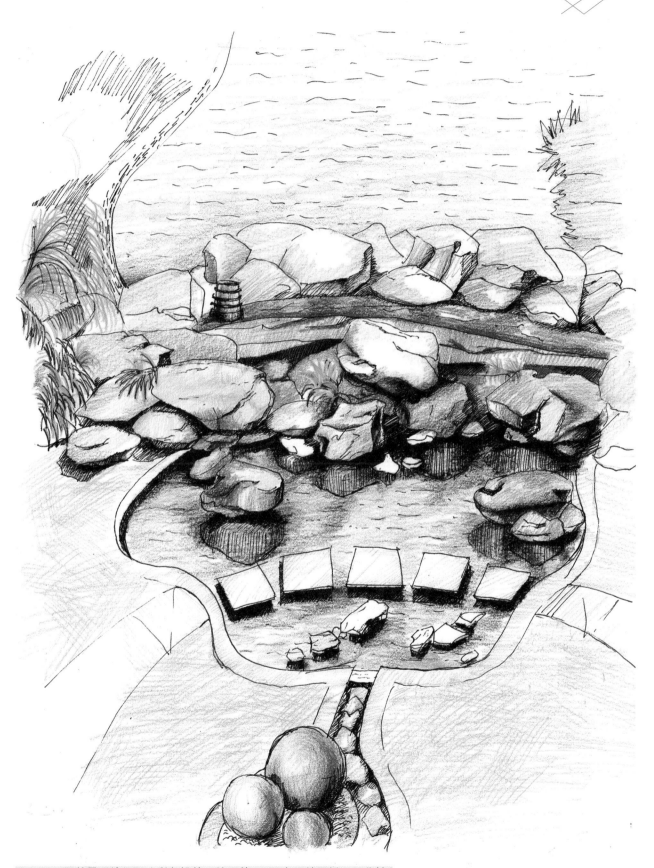

图4-26 园林景观效果图（彩色铅笔＋绘图笔 150克A4绘图纸 80分钟）

图4-27　住宅客厅效果图（四）（彩色铅笔＋马克笔＋绘图笔　150克A4绘图纸　40分钟）

图4-28　住宅客厅效果图（五）（彩色铅笔＋马克笔＋绘图笔　150克A3绘图纸　40分钟）

第二节　水彩表现方法

　　水彩画轻盈明快，色彩亮丽，是一种成熟的独立画种，使用水彩颜料绘制效果图有很大的优势，如着色面积大、速度快、叠加层次丰富等。但是水彩颜料的调和与画笔的选用在手绘效果图中有特殊的要求，不能直接沿用绘画技法（图4-29至图4-31）。

一、调色

　　水彩颜料相互调和后能体现出更多的层次，水彩颜料浓度很高，只需少许就能溶解于水中，调和后的颜料越薄附着力就越大，混合的颜料种类越少饱和度就越高。水彩颜料的调和要简单、明了，不用考虑太复杂，在一个体块内划分三个层次足以表现出设计对象的立体效果。

　　以水彩表现为主的钢笔淡彩技法要求图面丰富，这种丰富是指结构和形态，着重表达空间的形体关系，每块体面或结构中的色彩不宜凌乱，在配色时要以对象的固有色为依据，适度加入光源色或环境色。如果使用36色或24色颜料，一般以两种颜色相搭配；如果使用18色或12色的颜料，可以适度再增加一种，但最多不宜超过三种颜色，否则画面容易脏乱，尤其是受光面，只需两种颜色调和即可，保证充足的水分做均匀平涂。土黄、褚石、熟褐等深暖系颜料的胶质含量高，调和时力度要大，使颜料与水完全融合；紫、普蓝、群青等深冷系颜料的矿物质含量高，要反复多次调和均匀，使颜料中的颗粒最大程度细化，否则，表现的主题会含糊不清。深、浅两种颜色叠加时，应先浅后深；冷、暖两种颜色叠加时，应先冷后暖。

图4-29　水彩效果图（一）

图4-30　水彩效果图（二）

图4-31　水彩效果图（三）

- 精致提示 -

轮廓与填色的关系是先勾线、后着色，只有线条明确了，色彩才有施加的范围，如果在钢笔线条技法中使用水彩着色，颜料和水会覆盖最初的钢笔线条，显得灰暗。

二、着色

水彩表现技法要善于运用笔触来表现光影关系和质感。人的手指在握笔之后，手腕能上下随意活动，而左右却不是很灵敏。因此在手绘表现中，纵向线条与纵向笔触比较顺手，时常多画，反之，横向的就很少应用。无论向哪个方向排列笔触，都要根据对象的形体结构来确定。在一个四边形的轮廓范围内，如果要表现光影关系，笔触应该与光线垂直；如果要强化形体特征，笔触应该与短边平形。在一个完整的面域里，颜色的覆盖一般不超过两遍。水彩着色技法主要有平涂、退晕、叠加三种。

1. 平涂

平涂（图4-32）着色最简单，将水与颜料完全调和后平涂在纸面上，使用大号笔刷很容易平涂均匀，小面积着色要注意控制颜料不超出着色边界，适当使用小号衣纹来填补边缘空隙。平涂用色以浅色为主，深色容易形成花斑，调配颜料时要充分均匀。

2. 退晕

退晕是将色彩由浅到深或由深到浅做过渡着色的技法。由浅至深（图4-33）的褪晕方法是：先调好深浅两种颜色，浅色稍多一些。然后按照平涂的方法，用浅色从一端开始渲染，每画一笔后再加入一定量的深色颜料，这样的过渡能表现出丰富的光照层次。由深至浅（图4-34）的退晕方法是：先用深色，然后再逐渐加入清水绘制即可。退晕技法要经过多次练习，在水彩表现中如需使用退晕技法，一定要在空白纸上预习一遍，掌握现场实践经验后再画正稿。

3. 叠加

叠加（图4-35）是在已有的色彩上覆盖深色颜料，让图面效果变得更加丰富，一般用于主要物件的暗部或地面倒影，注意叠加的颜色一定要比原有色彩深，但也不要深过两倍的层次，否则会让先后两种色彩之间没有关联。叠加用色以深色为主，过浅的色彩会令画面显得苍白无力。

图4-32　平涂

图4-33　由浅至深退晕

图4-34　由深至浅退晕

图4-35　叠加

水彩技法中的湿画法特点是用软毛笔将水粉或水彩颜料加水湿润绘制而成。湿画法对纸张要求较高，画之前要将纸张打湿裱在画板上，待干透平整后再上色绘制。

湿画法对绘图者的绘画功力要求较高，要求画面的素描、色彩、质感、气氛等要完美统一。湿画法的特点是可以深入表现、精致逼真、层次丰富、整体感好；缺点是绘制速度较慢、制作复杂、成本较高，对条件设备有一定的要求。湿画法的种类有水彩画法、水粉画法、透明水色画法、铅笔淡水彩法、钢笔淡水彩法、钢笔／马克笔／水彩综合法、钢笔／宣纸白描／水彩画法、水粉喷绘法。

三、边界处理

水彩颜料的自流性很强，绘制效果图要突出严谨的形体结构，运笔不能越过形体边缘。这一点在绘制时要格外注意，宁可保留空白，也不要超出边界。因为空白部位可以换用小号笔刷或衣纹笔来填补，而超出边界就很难再遮掩了。初学者可以先用小号笔刷或衣纹笔来描绘边界，再涂绘中央大面空白，这样可能会产生生硬的效果。熟练后再可以使用中、大号笔刷来处理边界，就显得游刃有余了（图4-36）。水彩颜料的调和要简单、明了，不用考虑太复杂，在一个体块内表现出设计对象的立体效果。图4-37提供水彩绘制的范图，供学习参考。

图4-36 剧院大厅水彩效果图

图4-37 家具与配饰

四、绘制步骤

水彩技法比较复杂，但是它富有强烈的艺术效果，经久耐看。

首先，将结构轮廓在复印纸上画好拓印到180克优质水彩纸上，轮廓印记不要太明显，可以使用铅笔轻轻描绘一遍，自己能看清即可（图4-38）。着色时要由浅到深，先确定画面的色彩关系和整体基调，将受光部和暗部进行统一铺填，色彩以清新、干净的米黄色、浅蓝色为最佳（图4-39）。

然后，再重新调和深重的颜色填涂深暗部位、投影部位、反光部位。严格控制色彩边界，不能随意超越（图4-40）。

接着，当画面达到3～4个明暗层次后就可以使用绘图笔绘制轮廓了，操作时可以从局部到局部逐一刻画，主要是加粗表现对象的外轮廓线，加强明暗交界线部位的层次（图4-41）。

最后，整体调整，使用水彩与绘图笔同时操作，深入表现1～2处细节即可。特别注意要使用绘图笔来表现不同材质的质感，并填补色彩面域之间的空白部位（图4-42）。

图4-43至图4-46为水彩效果图范例。

图4-38 建筑外观效果图绘制步骤一

图4-39 建筑外观效果图绘制步骤二

图4-40 建筑外观效果图绘制步骤三

图4-41　建筑外观效果图绘制步骤四

图4-42　建筑外观效果图绘制步骤五

图4-43　住宅餐厅效果图（水彩＋绘图笔　150克A3绘图纸　280分钟）

图4-44　建筑外观效果图（一）（水彩＋绘图笔　150克A3水彩纸　320分钟）

图4-45　住宅客厅效果图（水彩＋绘图笔　150克A3绘图纸　250分钟）

图4-46　建筑外观效果图（二）（水彩＋绘图笔　150克A3绘图纸　320分钟）

第三节　综合表现方法

　　综合表现技法是指干、湿结合，用两种以上的绘图工具或多种表现技法共同来绘制的效果图技法，它可以发挥各种工具的最大特长，使效果图画面更丰富、更动人、更有层次感、更有气氛。例如，使用马克笔绘制主要物体，水彩表现草地、水泊，而彩色铅笔表现天空和云彩等。也有的手绘效果图只使用一种颜料，但却运用到了不同的工具，从而使表现技法更加丰富，如先用水粉颜料与尼龙笔绘制实体物体，再用喷笔将调和好的颜料喷涂在墙壁、地面、天花等大面积体块上，产生过渡变化等。综合表现技法要以一种方法为主，切忌平均对待。

　　钢笔淡彩是目前最流行的综合表现技法，它的绘制工具简单，容易快速上手，根据需要可以分层次不断深入。从几分钟的设计草图到两三个小时的展示性效果图，均可以灵活选择。钢笔是指绘图笔、针管笔或中性书写笔，淡彩是指彩色铅笔、水彩、马克笔等快捷颜料。钢笔淡彩是钢笔绘制轮廓，淡彩填充面域，线面结合的绘制技法（图4-47）。

　　综合技法的基础还是手绘，不要寄希望用电脑来改变粗糙的钢笔技法，综

图4-47　建筑外观效果图（一）

合素质要全面提高，这才是手绘图的根本。综合表现的技法随着时代的发展在不断创新，把握好传统绘制工具后再根据个人习惯做出革新，对手绘效果图的表现很有意义，下面就介绍三种常用的综合表现技法。

效果图的绘制技法很多，每种技法都可以独立成为一种风格，但是手绘效果图是徒手表现，难免融入一些个人习惯，如连笔、带笔、断线等书写习惯。初学者应该极力地克制自己，避免在效果图中出现书写习惯。效果图不是个性签名，不是标志记号，就像印刷的图书、报纸一样，要供大众审阅，严谨、精致是手绘效果图的唯一风格，达到一定层次之后，再融入自己的个性，也不会让人觉得陌生、凌乱。

图4-48　住宅平面效果图

一、马克笔＋彩色铅笔综合表现

马克笔体块鲜明，着色平整，能提高绘图速度，而彩色铅笔可以填补马克笔的飞白和空隙，让图面显得更精致唯美，此外，彩色铅笔表现天空和水泊会更加柔和。这种组合很常见，很适合初学者。一般先使用马克笔，着色还是要尽力整齐，严格控制边界范围。然后在马克笔不方便着色的受光部排列彩色铅笔线条，线条细腻整齐，在填补空白之余还能与马克笔的体块形成鲜明的对比，丰富了质感。彩色铅笔选用的颜色一般要浅于马克笔，这样才显得层次比较丰富（图4-48）。

图4-49　建筑外观效果图（二）

二、水粉＋水彩综合表现

水彩的质地轻薄，在特定的范围内也可以使用水粉来表现。水粉颜料的遮盖力很强，有"一统天下"的气势。水彩用于天空、背景等明度较高的部位，而水粉则用于主要物件的精致刻画。喷绘法是手绘效果图中最复杂的表现技法，使用空气压缩机将高压气体连带调和好的颜料喷涂在纸面上，色彩过渡均匀，有很强的表现力，但是在质感的区分上显得有些单调，绘制时还要自制各种遮板来辅助喷绘，操作成本很高（图4-49）。如果条件允许可以结合水粉、水彩颜料来作局部喷绘练习。

三、钢笔＋电脑综合表现

钢笔勾出清晰的轮廓后，再用水彩或马克笔着色，这是大多数人的绘图工序。颜料中的水分会溶解钢笔线条，使图面变得很脏。这里可以更换一种思维，使用扫描仪将钢笔线稿输入电脑，在Photoshop、Painter等图形图像软件中着色，甚至可以直接剪贴配景（图4-50至图4-52）。使用电脑软件着色，能使效果图细腻、平整，但也不能完全寄希望于这种着色方法，好的手绘作品还是应该以准确、丰富的线条结构为基础，色彩的渲染倒是其次的。

图4-53至图4-57为综合表现技法效果图范例。

－ 精致提示 －

综合技法的基础还是手绘，不能完全寄希望用电脑来改变粗糙的钢笔技法与着色技法。绘图者的综合素质要全面提高，这才是手绘的根本。

图4-50　办公室平面效果图

图4-51　餐厅效果图

图4-52　建筑外观效果图（三）

图4-53　住宅客厅效果图（马克笔＋彩色铅笔＋绘图笔　150克A4绘图纸　80分钟）

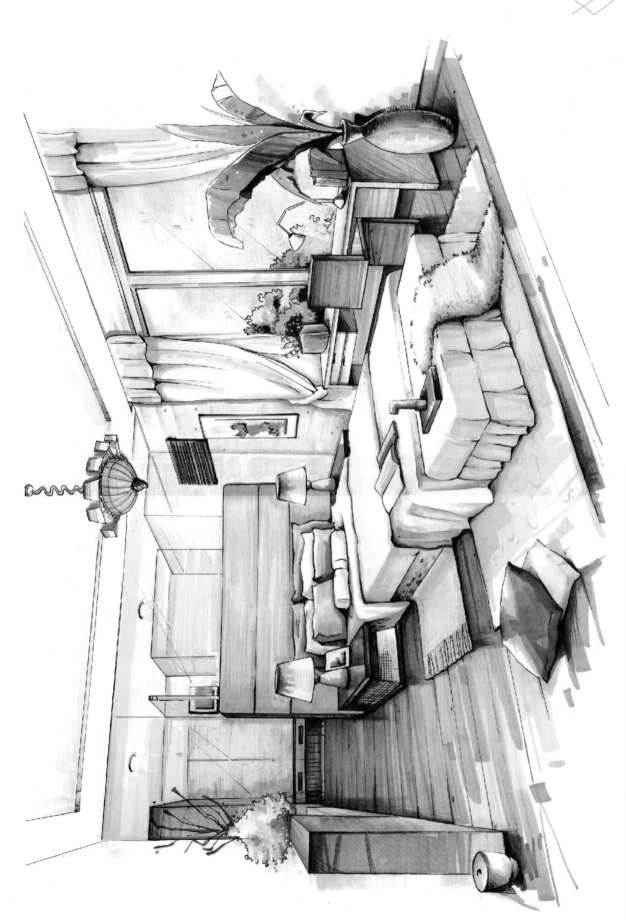

图4-54　住宅卧室效果图（一）（马克笔＋彩色铅笔＋绘图笔　150克A3绘图纸　160分钟）

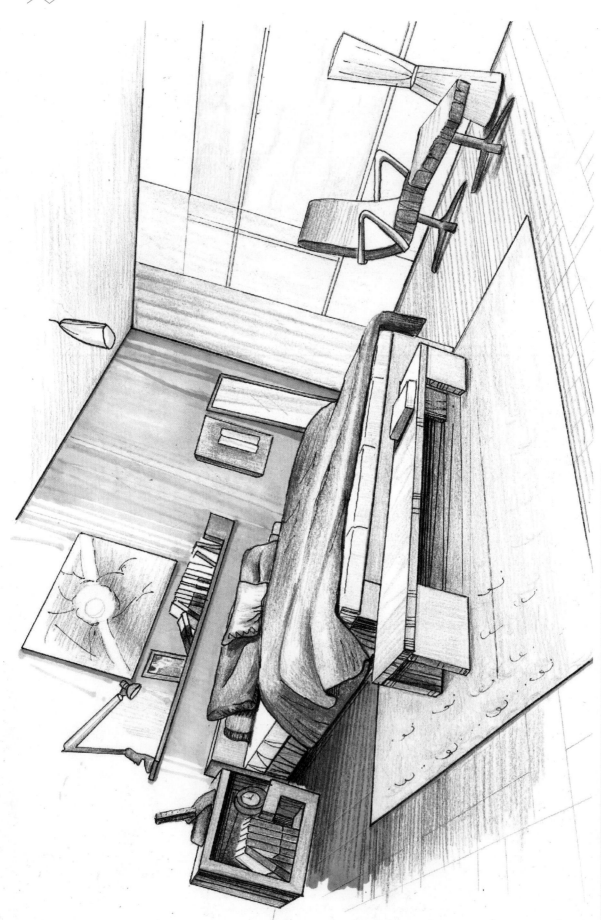

图4-55　住宅卧室效果图（二）（马克笔＋彩色铅笔＋绘图笔　70克A4复印纸　80分钟）

图4-56 建筑外观效果图（四）（马克笔＋彩色铅笔＋绘图笔 150克A3绘图纸 120分钟）

图4-57 庭院景观效果图（马克笔＋彩色铅笔＋绘图笔 150克A3绘图纸 150分钟）

优秀作品赏析

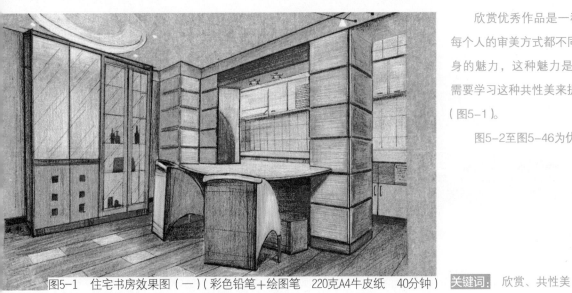

欣赏优秀作品是一种必要的学习方法，每个人的审美方式都不同，优秀作品有它自身的魅力，这种魅力是一种共性美，我们需要学习这种共性美来提升自己的绘图技法（图5-1）。

图5-2至图5-46为优秀作品赏析。

图5-1　住宅书房效果图（一）（彩色铅笔＋绘图笔　220克A4牛皮纸　40分钟）　**关键词：** 欣赏、共性美

图5-2　住宅卧室效果图（一）（水彩＋绘图笔　150克A3绘图纸　280分钟）

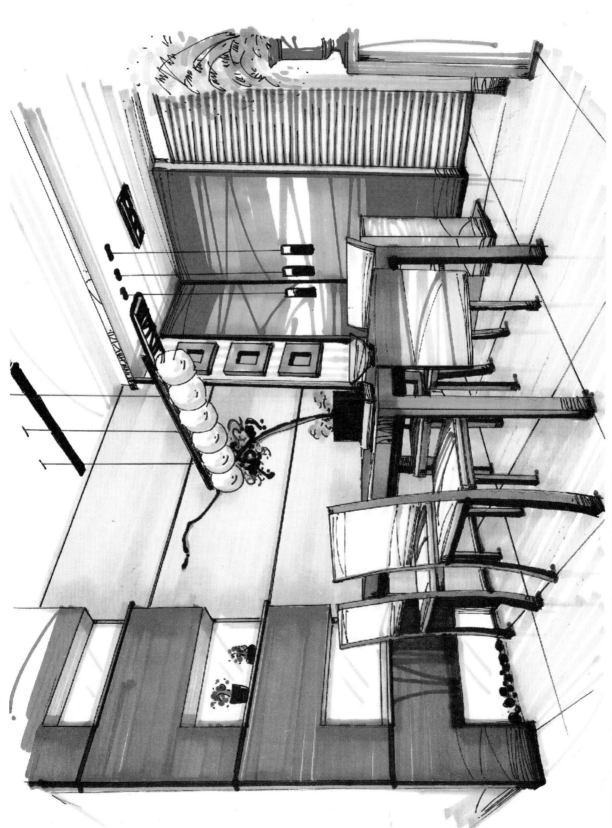

图5-3 住宅餐厅效果图（一）（马克笔+绘图笔 150克A4绘图纸 60分钟）

图5-4　住宅卧室效果图（二）（马克笔＋绘图笔　150克A4绘图纸　80分钟）

图5-5　住宅客厅效果图（一）（马克笔＋绘图笔　150克A4绘图纸　80分钟）

图5-6 办公室效果图（马克笔+绘图笔 150克A3绘图纸 140分钟）

图5-7 博物馆效果图（马克笔＋绘图笔 150克A3绘图纸 160分钟）

图5-8 大厅效果图（马克笔+绘图笔 150克A3绘图纸 180分钟）

图5-9 公司前台效果图（一）（马克笔＋绘图笔 150克A3绘图纸 140分钟）

图5-10　住宅餐厅效果图（二）（马克笔＋绘图笔　150克A3绘图纸　140分钟）

图5-11　住宅书房效果图（二）（水彩＋绘图笔　150克A4绘图纸　160分钟）

图5-12　住宅客厅效果图（二）（马克笔+绘图笔　150克A3绘图纸　140分钟）

图5-13　住宅客厅效果图（三）（马克笔+绘图笔　70克A3复印纸　120分钟）

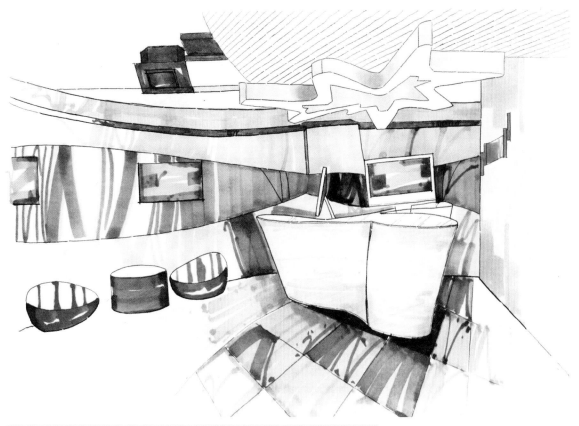

图5-14　办公室前台效果图（马克笔＋绘图笔　70克A4复印纸　30分钟）

图5-15　住宅书房效果图（三）（马克笔＋绘图笔　70克A4复印纸　30分钟）

图5-16　住宅休息室效果图（一）（马克笔＋彩色铅笔＋绘图笔　70克A3复印纸　60分钟）

图5-17　住宅休息室效果图（二）（马克笔＋彩色铅笔＋绘图笔　70克A3复印纸　60分钟）

图5-18　住宅客厅效果图（四）（马克笔＋绘图笔　70克A4复印纸　80分钟）

图5-19　住宅客厅效果图（五）（马克笔＋彩色铅笔＋绘图笔　70克A4复印纸　60分钟）

图5-20　住宅卫生间效果图（马克笔＋彩色铅笔＋绘图笔　150克A4绘图纸　120分钟）

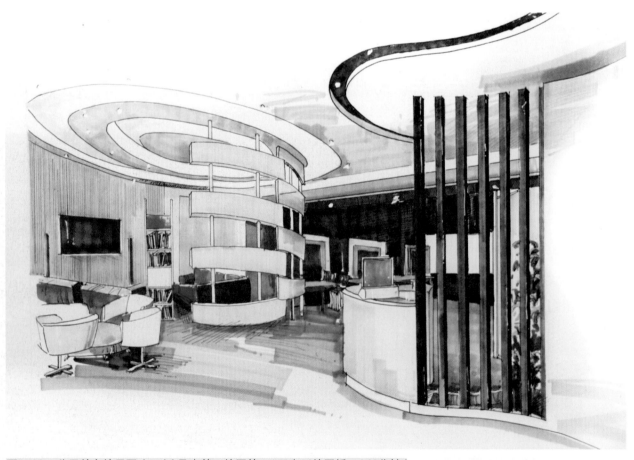

图5-21　公司前台效果图（二）（马克笔＋绘图笔　150克A4绘图纸　140分钟）

图5-22　中式住宅效果图（马克笔＋彩色铅笔＋绘图笔　70克A4复印纸　80分钟）

图5-23　中式餐厅效果图（马克笔＋彩色铅笔＋绘图笔　70克A4复印纸　60分钟）

图5-24 住宅客厅沙发效果图（马克笔＋绘图笔 70克A4复印纸 80分钟）（默金）

图5-25 住宅客厅效果图（六）（马克笔＋绘图笔 70克A4复印纸 80分钟）（默金）

图5-26　庭院景观效果图（水彩＋彩色铅笔＋绘图笔　150克A4绘图纸　90分钟）

图5-27　建筑外观效果图（一）（马克笔＋绘图笔　150克A3绘图纸　280分钟）

图5-28　建筑外观效果图（二）（马克笔+绘图笔　150克A3绘图纸　220分钟）

图5-29 建筑外观效果图（三）（马克笔+彩色铅笔+绘图笔 150克A3绘图纸 160分钟）

图5-30　建筑外观效果图（四）（马克笔＋彩色铅笔＋绘图笔　150克A3绘图纸　100分钟）

图5-31　建筑外观效果图（五）（马克笔＋色粉笔＋绘图笔　150克A3有色绘图纸　60分钟）

图5-32　水体石头效果图（一）（马克笔＋绘图笔　70克A4复印纸　60分钟）（默金）

图5-33　水体石头效果图（二）（马克笔＋绘图笔　70克A4复印纸　60分钟）（默金）

图5-34　建筑外观效果图（六）（马克笔＋绘图笔　70克A3复印纸　50分钟）

图5-35　建筑场景效果图（马克笔＋绘图笔　70克A3复印纸　80分钟）

图5-36　建筑外观效果图（七）（水彩＋绘图笔　150克A3绘图纸　260分钟）

图5-37　建筑外观效果图（八）（马克笔＋绘图笔　150克A3绘图纸　140分钟）

图5-38　园林景观效果图（马克笔＋绘图笔　80克A3复印纸　40分钟）

图5-39　园林景观竖向效果图（马克笔＋绘图笔　150克A3绘图纸　150分钟）

图5-40　园林景观平面效果图（一）（马克笔＋绘图笔　150克A3绘图纸　150分钟）

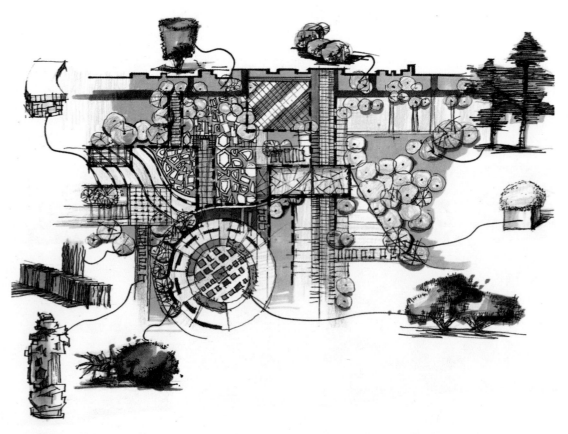

图5-41　园林景观平面效果图（二）（马克笔＋绘图笔　150克A3绘图纸　120分钟）

图5-42 建筑外观效果图（九）（水彩+绘图笔 220克A3水彩纸 280分钟）

图5-43 住宅走道效果图（水彩+绘图笔 150克A3绘图纸 220分钟）

图5-45　建筑外观效果图（十）（水彩＋绘图笔　220克A2水彩纸　380分钟）

图5-44　住宅楼梯效果图（水彩＋绘图笔　180克A2水彩纸　350分钟）

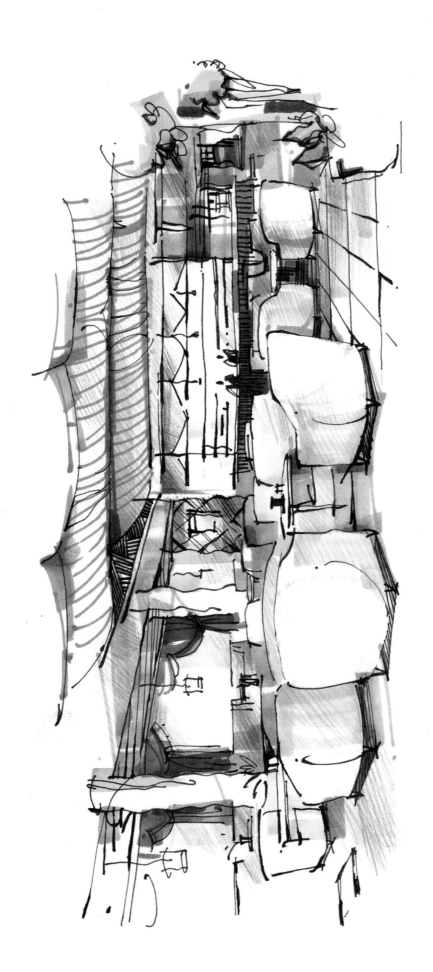

图5-46 咖啡厅效果图（马克笔＋绘图笔 70克A4复印纸 30分钟）

参考文献

1. 彭一刚. 建筑绘画及表现图. 北京：中国建筑工业出版社，1999.

2. [美]格赖斯. 建筑表现艺术. 天津：天津大学出版社，1999.

3. [美]麦克W·林. 建筑绘图与设计进阶教程. 北京：机械工业出版社，2004.

4. [美]麦加里. 美国建筑画选马克笔的魅力. 北京：中国建筑工业出版社，1996.

5. 陈红卫. 陈红卫手绘. 福州：福建科技出版社，2007.

6. 夏克梁. 今日手绘·夏克梁. 天津：天津大学出版社，2008.

7. 赵国斌. 现代室内设计手绘效果图. 沈阳：辽宁美术出版社，2007.

8. 刘宇. 手绘表现技法丛书室内外手绘效果图. 沈阳：辽宁美术出版社，2008.

9. 顶盛企业策划有限公司. 手绘景观创新设计精选. 武汉：华中科技大学出版社，2007.

10. 连柏慧. 纯粹手绘室内手绘快速表现. 北京：机械工业出版社，2008.

11. 香港科讯国际出版社有限公司. 手绘景观表现Ⅲ. 武汉：华中科技大学出版社，2006.

12. [德]约翰内斯·默勒. 建筑画（1）建筑方案手绘表现. 北京：中国电力出版社，2005.

13. 王少斌. 家居空间设计手绘案例. 沈阳：辽宁科学技术出版社，2004.

14. 马克辛. 诠释手绘设计表现. 北京：中国建筑工业出版社，2006.